中国风景园林学会规划设计专业委员会
中国风景园林学会信息委员会　编
中国勘察设计协会风景园林与生态环境分会

Landscape
Architects

风景园林师 2023 上

中国风景园林规划设计集

中国建筑工业出版社

图书在版编目(CIP)数据

风景园林师．2023．上／中国风景园林学会规划设计专业委员会，中国风景园林学会信息委员会，中国勘察设计协会风景园林与生态环境分会编．—— 北京：中国建筑工业出版社，2024.4

ISBN 978-7-112-29836-5

Ⅰ．①风… Ⅱ．①中… Ⅲ．①园林设计－中国－图集 Ⅳ．① TU986.2-64

中国国家版本馆 CIP 数据核字 (2024) 第 088875 号

责任编辑：兰丽婷　杜　洁
责任校对：姜小莲

风景园林师 2023上
中国风景园林学会规划设计专业委员会
中国风景园林学会信息委员会 编
中国勘察设计协会风景园林与生态环境分会
*
中国建筑工业出版社出版、发行（北京海淀三里河路9号）
各地新华书店、建筑书店经销
天津裕同印刷有限公司印刷
*
开本：880毫米×1230毫米　1/16　印张：$10\frac{1}{4}$　字数：339千字
2024年5月第一版　2024年5月第一次印刷
定价：99.00元
ISBN 978-7-112-29836-5
　　　　　(42981)

版权所有　翻印必究
如有内容及印装质量问题，请联系本社读者服务中心退换
电话：(010) 58337283　　QQ：2885381756
(地址：北京海淀三里河路9号中国建筑工业出版社604室　邮政编码：100037)

风景园林师

风景园林师三项全国活动

●举办交流年会：
（1）交流规划设计作品与信息
（2）展现行业发展动态
（3）综观市场结构变化
（4）凝聚业界历练内功

●推动主题论坛：
（1）行业热点研讨
（2）项目实例论证
（3）发展新题探索

●编辑精品专著：
（1）举荐新优成果与创作实践
（2）推出真善美景和情趣乐园
（3）促进风景园林绿地景观协同发展
（4）激发业界的自强创新活力

●咨询与联系：

联系电话：
010-58337201

电子邮箱：
34071443@qq.com

编 委 名 单

顾　　　　问：孟兆祯　刘少宗　尚　廓　张国强　檀　馨　周在春　金柏苓

总　　　　编：李金路　王忠杰

荣 誉 主 编：张惠珍

主　　　　编：贾建中

副 主　编：端木歧　李　雷　姚荣华　王　斌　邓武功

编委会主任：李如生

编委会副主任：王磐岩　朱祥明　贺风春　李战修　张新宇　何　昉
　　　　　　　　李浩年　李永红　王　策　金荷仙　郑　曦

常 务 编 委：卫　平　王沛永　王泰阶　白伟岚　冯一民　叶　枫　孙　平
　　　　　　　　朱育帆　刘红滨　李　青　李成基　应博华　吴忆明　吴宜夏
　　　　　　　　张文英　李诚迁　陈　良　陈明坤　陈战是　陈耀华　孟　欣
　　　　　　　　杨鹏飞　周建国　赵　鹏　赵文斌　赵晓平　郑占峰　盛澍培
　　　　　　　　韩炳越　端木山　魏　民

编　　　　委：（按姓氏笔画排序）

万基财　王希智　王泽坚　王　璇　牛丞禹　厉　超　叶　枫
邢至怡　吕　宁　乔洪粤　刘文毅　刘　冰　刘守芳　刘　环
刘　晶　齐良玉　牟瑠森　芍　皓　李　青　李　林　李瑞冬
李　澍　李燕彬　杨家康　杨　晨　吴筱怡　何　洋　沈　丹
沈欣映　沈实现　张子健　张丹阳　张　檬　陈　丹　陈　良
陈继华　陈跃中　陈　静　卓伟德　金云峰　周华春　周　旭
荆旭晖　段俊原　贺宗晓　袁松亭　莫　晓　徐　艳　徐令芳
高　飞　高　帆　涂　波　陶晓辉　龚瀚涛　崔恩斌　梁曦亮
葛书红　韩　林　韩　锋　虞金龙　蔡　萌　潘鸿婷　燕　坤
魏　民

全国风景园林规划设计交流年会创始团队名单：

（A：会议发起人　B：会议发起单位　C：会长、副会长单位）

(1) 贾建中（中规院风景所 A、B、C）

(2) 端木歧（园林中心 A、B）　　　　(3) 王磐岩（城建院 A、B）

(4) 张丽华（北京院 B、C）　　　　　(5) 李金路（城建院风景所 B）

(6) 李　雷（北林地景 B、C）　　　　(7) 朱祥明（上海院 C）

(8) 黄晓雷（广州院 C）　　　　　　　(9) 周　为（杭州院 C）

(10) 刘红滨（北京京华 B）　　　　　(11) 杨大伟（中国园林社 B）

(12) 郑淮兵（风景园林师）　　　　　(13) 何　昉（风景园林社）

(14) 檀　馨（创新景观 B）　　　　　(15) 张国强（中规院 A）

contents

目　录

contents

contents

风景园林工程

对风景名胜区生态产品价值核算的几点思考①

北京林业大学 / 魏　民　张丹阳

发展论坛

发展论坛

在社会快速转型、经济高速发展、城市化急速推进中，风景园林也面临着前所未有的发展机遇和挑战，众多的物质和精神矛盾，丰富的规划与设计论题正在召唤着我们去研究论述。

摘要：以"两山"理论为核心的生态文明思想，贯穿经济、社会、政治与文化的各方面与全过程。"两山"理论体现了我国在发展理念和发展方式方面的重大转变，符合人类文明发展规律，为新时代社会主义生态文明建设提供了理论基础和价值指引。风景名胜区作为国家珍贵的自然与文化遗产，是最公平的生态产品，同时也是最普惠的民生福祉。本文以"两山"理论为基础，以实现风景区的生态产品价值为目的，尝试构成风景区的生态产品价值体系，探讨其价值核算框架与方法，以期为风景区未来的规划、建设与管理提供新思维、新路径，更好响应国家生态文明建设整体方略与部署的要求。

关键词："两山"理论；生态产品价值实现；风景名胜区；价值核算

引言

(一) 国家生态文明思想与战略

党的十八大以来，生态文明建设被纳入我国特色社会主义事业五位一体总体布局中。生态环境保护是功在当代、利在千秋的事业[1]。经济发展同生态环境保护的关系应是不以牺牲环境为代价去换取一时的经济增长。生态文明思想与战略的核心在于树立"山水林田湖草沙"等要素为一体的系统观，"绿水青山就是金山银山"的价值观，"尊重自然、顺应自然、保护自然"的生态观，"人与天调，然后天地之美生"的发展观[2]。

生态文明战略是将可持续发展升华为绿色发展，为后人"乘凉"而"种树"[1]，给后代留下更多的生态资产。风景资源是能够引起人们进行审美与游览活动，可以进行开发利用的自然资源的总称[3]。作为一种特殊的自然资源，风景资源是在自然资源的基础上，通过人们的想象、加工、修饰等行为，赋予了它美的意念、文化的内涵，使其渗透着人类文明，凝聚着人类精神与思想。风景资源作为前人留给后人的珍贵遗产，更是一份厚重的自然与文化资产，一份承载美丽中国愿景的空间与精神资产。

(二)"两山"理论与"两山"转化

2005 年，习近平总书记首次提出"绿水青山就是金山银山"重要论述[4]。2015 年，"两山"理念被写入中央文件《关于加快推进生态文明建设的意见》中，"坚持绿水青山就是金山银山"[5]。2017 年，"必须树立和践行绿水青山就是金山银山的理念"被写进党的十九大报告；"增强绿水青山就是金山银山的意识"被写进新修定的《中国共产党章程》之中。"两山"理论已成为我们党的重要执政理念之一，为新时代推进生态文明建设指明了方向。"绿水青山"是指良好的生态环境与自然资源资产，"金山银山"是指经济发展与物质财富，而"两山"理论的本质就是环境与经济的协调发展[6]。"生态兴则文明兴，生态衰则文明衰。"[7]

"两山"理论的现实意义是自然资源优化配置及其有效转化。"绿水青山"是重要的自然资源、自然资产以及自然资本，"绿水青山"通过合理的利用与转化，可以创造价值，转化为"金山银山"[8]。保护与利用风景名胜区就是保证国家自然与文化遗产永续利用，为公众与后代提供持续高效舒适性生态产品，也就是在进行"绿水青山"向"金山银山"的转化。

---

① 本文主体思想与内容参考及引用自《城市建筑》2023年3月刊期《基于生态产品价值实现视角的风景区价值核算》和《中国园林》2009年12期《关于风景资源价值核算的思考》等两篇已发表的论文。

（三）自然保护地的生态产品价值实现

"两山"理论深刻揭示了经济发展与生态环境的辩证关系。自然保护地作为生态建设的核心载体、中华民族的宝贵财富、美丽中国的重要象征，是践行"两山"理论、探索"两山"转化的先行区。2019年和2021年中共中央办公厅和国务院办公厅相继印发《关于建立以国家公园为主体的自然保护地体系的指导意见》和《关于建立健全生态产品价值实现机制的意见》。两个意见分别提出："确保重要自然生态系统、自然遗迹、自然景观和生物多样性得到系统性保护，提升生态产品供给能力，维护国家生态安全，为建设美丽中国、实现中华民族永续发展提供生态支撑。"[9] "到2035年，完善的生态产品价值实现机制全面建立，具有中国特色的生态文明建设新模式全面形成，广泛形成绿色生产生活方式，为基本实现美丽中国建设目标提供有力支撑。"[10]

在我国生态文明建设思想的指引下，国家公园、自然保护区、风景名胜区等自然保护地类型的生态产品属性得到进一步明确与强化。而创建生态产品价值实现机制、生态产品价值体系构建、价值评估与核算等问题，成为推动生态产品经营利用、保护补偿等相关体系建立与优化的基础性前提。

一、风景名胜区的生态产品价值体系

（一）生态产品与生态产品价值

2001年，世界卫生组织、联合国环境规划署和世界银行等机构组织开展了全球千年生态评估，第一次提出"生态产品"这一概念[11]。我国首次在国家顶层设计层面上使用"生态产品"一词是在2010年12月国务院印发的《全国主体功能区规划》中[12]。随着国家生态文明思想建立与创新的不断深化，生态产品的概念与内涵也越来越清晰明了。张林波等[13]认为生态产品是生态系统通过生物生产和与人类生产共同作用为人类福祉提供的最终产品或服务，是与农产品和工业产品并列的、满足人类美好生活需求的生活必需品，划分为公共性生态产品和经营性生态产品两类。其价值表现在生态、伦理、政治、经济、社会、文化、经济等多方面，包括生态资本价值、产品使用价值、增加就业价值、政绩激励价值和经济刺激价值等[13]。

（二）风景名胜区的生态产品价值构成

作为一个复杂的生态环境系统，风景名胜区是由自然和人文景观为主要组成部分，由动植物、山水及其他景观要素一起构成的，其价值较为明显地体现了"两山"理论特征。如若加以科学正确的利用，可以持续为社会、为国家提供生态产品等，并且其价值会随着时间的推移而不断地增长。风景资源最大的特点在于风景实物与环境资源之间相互依存与融合，对于风景名胜区生态产品价值的核算不能仅仅针对风景资源本体或风景实物资源来进行[14]。因此，尝试将风景资源的生态产品价值构成分为两种：第一种是风景名胜实物资源价值，即风景资源的物质属性，也就是在"绿水青山"的本底上，高度融合历史文化价值，成为风景名胜区价值体系的物质基础；第二种是风景名胜环境资源价值，即风景资源的非物质属性，基于"绿水青山"本底而形成的服务性价值，体现出科研价值、教育价值、游赏价值、文化价值等多种价值（图1）。

二、风景名胜区的生态产品价值核算框架

风景名胜区价值核算正是以"两山"理论为基础，构建生态产品价值实现机制，实现"两山"转化的核心环节与技术。基于对风景名胜区价值体系的初步构建，可以尝试对风景名胜区的实物资源与环境资源分别展开核算。

（一）实物资源的价值核算框架

实物资源价值核算可以借鉴森林、矿产、水等资源类型的理论与方法，在划定风景资源区域的基础上，核算以下4个方面的内容：

（1）风景资源实物量核算和价值核算。

（2）数量核算和质量核算。

（3）分类核算和综合核算。

（4）静态的存量核算和动态的流量核算。

实物资源核算的步骤是：

（1）风景名胜区各类资源分类，即对风景名

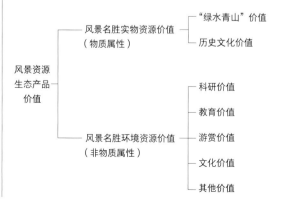

图1 风景资源生态产品价值构成

胜区内全部的自然资源进行界定。如景区内包括的土地、矿产、水量、森林、生物、能源等资源。

（2）按照分类结果对实物量进行统计，统计内容包括各类自然资源数量、质量以及利用状况等。

（3）依照统计结果对各类自然资源实物量的核算。

（4）各类自然实物资源的价值的核算，即各类自然资源单位价格确定与总价值核算。

（5）实物资源综合核算，即对风景名胜区内具有的实物资源的价值进行汇总。

（二）环境资源的价值核算

与实物资源价值的核算相比，环境资源价值的核算对于整个风景名胜区的价值总量来讲更为重要，因为生态产品价值中，环境资源价值远远大于实物资源价值，这恰恰正是国家建立自然保护地体系，对风景名胜区等各类保护地实施严格保护的根本原因，任何实物资源的损失或耗减都会直接或间接地影响到以其为中心而产生的环境资源的数量与质量。

风景名胜区环境资源总价值可分为利用价值和非利用价值（虚拟价值）。利用价值可分为直接利用价值和间接利用价值等；非利用价值也可分为选择价值（潜在利用价值）、存在价值和遗产价值。风景名胜环境资源的总价值见图2。

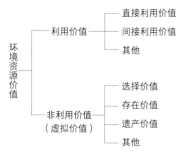

图2　环境资源价值类型划分

环境资源价值＝直接利用价值＋间接利用价值＋选择价值＋存在价值＋遗产价值

利用价值（using value）——风景资源与环境提供物质产品、旅游服务、涵养水源、防风固沙、改善环境等，可以被人们直接或间接利用的价值。

选择价值（option value）——人们为了自己将来能选择利用风景资源与环境而愿意支付的费用。

存在价值（extertence value）——风景资源与环境的保存意义，是其内在性的体现，既不现在使用也不选择使用，是人们为了确保风景资源与环境及其提供的公益效能能继续存在而愿意支付的费用。

遗产价值（bequest value）——当代人为了风景资源及其提供的公益性效能保留给子孙后代而自愿支付的费用。

支付愿意（willingness to pay, WTP）——环境资源评价方法的核心内容。是指消费者为获得一种商品、一种服务而愿意付出的最大货币价值。

三、风景名胜区生态产品价值核算的主要方法

（一）实物资源价值的核算方法

风景名胜区包括土地、矿产、水、森林、草原、生物、能源、建筑、设施等资源要素。针对各类资源的特点对其实物价值进行核算都有相应的计量方法，在对风景名胜区内的实物资源价值进行核算时完全可以对照使用，这些方法在我国以至世界上被普遍采用。

1. 市场法

以自然资源（土地、矿产、森林、水产）交易和转让市场中所形成的自然资源价格来推定自然资源的价格。但这种方法应以自然资源市场建立发展的规范与完善为前提。在实行市场经济的国家，这是一种普遍实用的方法。

2. 成本法

成本法是通过分析自然资源价格构成因素及其表现形式来推算求得的。

3. 净价法（逆算法）

用自然资源产品市场价格减去自然资源开发成本，以求得自然资源价格。

（二）环境资源价值的核算方法

费用－效益分析的方法（cost-benefit analysis, CBA）是资源、环境经济学中常用的核算方法，它是将资源与环境看作是一种经济生活对象，人们为了从环境中获取资源或求得舒适而需要投入一定的物质能量和劳动，用以保护资源和改善环境。以费用－效益分析方法为基本理论，产生了多种对资源环境价值核算的方法，如替代成本法、影子价格法、替代市场法等。其中，运用较为普遍与成熟的主要有生态效益核算法、随机评估法、旅游费用法等。

1. 生态效益核算法

生态效益核算法（eco-efficiency accounting method，EAM），这种方法主要运用于自然风景资源，是根据风景实物资源创造的环境效益指标，可计算出环境效果的定量值，如每年涵养水源的吨

英国的价值评估研究 [15] [单位：英镑／（每人或每户家庭·年），有注释者除外]　表1

研究和来源	价值估算	方法
运河的舒适性 Button, Pearce（1989年） Creen, Tunstall（1991年） Green等（1988年、1989年、1990年）	517000	HPM，总价值
河水质量（1987—1988年）	9.6	CVM，用户价值
河岸舒适性（1988—1989年）	14~18	CVM，用户价值
海岸带（1989年） Hanley（1988年）	21~25	CVM，用户价值
烧草	WTP，5.2 WTA，9.6	CVM，用户价值
森林娱乐 Hanley（1989年）	0.34~1.51/每次旅行 1.2/每次旅行	TCM，用户价值 CVM，用户价值
自然保护区 Harley, Hanley（1989年）	1.2~2.5/每次旅行 2.0~3.5	CVM，用户价值 TCM，用户价值
海滩舒适性 Turner, Brooke（1988年）	15 18	CVM，当地用户 CVM，非当地用户
自然保护区 Willis, Benson（1988年）	46~251英镑/（hm²·年） 6~34英镑/（hm²·年） 25英镑/（hm²·年）	TCM，所有用户 TCM，观看野生生物的人 CVM，非使用价值
森林娱乐	1.9/每次访问	TCM

注：WTP——支付意愿；CVM——条件价值评估法；WTA——接受意愿；TCM——旅游费用法；HPM——房地产内涵价格法。

美国的非使用价值的评估 [15] [单位：美元／（家庭·年）]　表2

研究	总计	保护价值	使用价值	选择价值	存在价值
露天发光矿石 Bishop, Boyle, Walsh（1987年）	—	—	—	—	1~6
鸣鹤 Bowker, Stoll（1988年）	5~149	—	—	—	—
秃头鹰 Boyle, Bishop（1987年）	6~75	—	—	—	5~28
灰熊					
猎人	—	—	—	10~21b	
观光者	—	—	—	21~22b	
非用户	—	—	—		15~24
大角羊	—	—	—	—	
猎人	—	—	—	11~23b	
观光者	—	—	—	18~23b	
非用户	—	—	—	—	7
Brookshire, Eubanks, Randall（1983年）					
水质 Desvousges, Smith, Fisher（1987年）	—	—	—	54~118b	—
地下水水质 Edwards（1998年）				285~1436b 3~14c	
能见度					
大峡谷	—	45~62	—	—	—
西南部公园	—	79~116	—	—	—
消除烟雾	—	34~51	—	—	—
Schulze等（1983年）					
鸣鹤 Stoll, Johnson（1984年）	—	2~3	—	29~42c	0~39
水资源保护 Sutherland, Walsh（1985年）	—	8	—	3b	5
荒地 Walsh, Loomis, Gillman（1984年）	107	32	76	9c	11

注：1. 选择价值以现值表示，并转化为每一年的价值。保护价值＝使用价值＋存在价值。使用价值小于存在价值。每个娱乐日的用户价值被转换成每户家庭每年平均旅游天数的价值。2.—没有数据；a. 有些研究估算的是选择价格，有些则估算的是选择价值；b. 选择价格；c. 选择价值。

数、吸收 CO_2 的吨数、放出 O_2 的吨数，再根据替代市场法，即以市场物品代替非市场物品的方法，求得环境效益的"影子价格"，如涵养水源效益的价值可根据水库工程的蓄水成本来计算，O_2 的效益的价值可以从市场上 O_2 的价格得出，从而计算出风景实物资源产生坏境效益的每年总环境服务价值。

2. 旅游费用法

旅游费用法（travel cost method，TCM），是发达国家目前运用于风景资源游憩价值计算最广泛的方法。这种方法主要是建立旅行费用－游憩需求模型，将某一风景名胜区的旅游者所支付的旅行费用作为内涵价格，通过对旅游者居住地点的观察数据和风景名胜区周围不同地点人口总数的统计资料进行比较，可以估算出到风景名胜区旅游花费的费用与愿意支付这笔费用的人口比例之间的关系。由于这种关系把旅游费用（替代价格）和风景资源使用（需求数量指标）联系起来，因此，它是一种需求曲线，根据曲线可以求出游憩效用价值。这种方法大多用于对一个具体的风景名胜区游憩价值的评估。

3. 随机评估法

也称为条件价值法（contingent value method，CVM）。作为一种直接调查法，随机评估法通过直接访问或发放调查问卷的方式询问消费者对环境商品的最大意愿支付量（WTP），在获得为得到较高质量的环境或为防止自然与文化遗产的损害或消失个人最大意愿支付的基础上，获得精神、娱乐、环境产品的个人价值，进而推出这类物品的经济价值。这种方法既可以用于资源与环境的利用价值的核算，也可以用于非利用价值的核算。虽然所获得的数据是基于假设的市场，且由于被调查者的理解程度、回答问题的态度及假设条件是否接近实际等存在差异，使得得出的结果与实际价值可能有所偏差，但这种偏差可以通过细致的准备工作来缩小。

条件价值法特别适用于环境价值的核算，条件价值法通常适用于评价下列一些环境问题：空气和水的质量，娱乐（包括垂钓、狩猎、公园和野生动物）效益，无市场价格的自然资源的保护，生物多样性的选择价值、遗产价值尤其是存在价值的核算。这些方面都与风景环境资源价值有密切的关系。通过大量项目的价值核算试验，条件价值法在不断补充与完善，并逐步在针对公共物品或环境物品的价值核算中得到广泛使用（表1、表2）。

四、结语

"辨方位而正则"。当前围绕风景名胜区生态产品价值核算的讨论，其关注重点并非风景名胜区价值体系构建、核算体系与方法的科学性与合理性，而在于顺应国家新时代发展需求，在国家推动生态产品价值实现机制探索与实践的背景下，确立在践行"两山"理论，实现"两山"转化的过程中，风景名胜区作为自然保护地的一种类型，作为一类生态产品，对其进行价值核算的必要性。风景名胜区生态产品价值核算将成为风景名胜区响应生态文明建设思想，推动风景名胜区永续利用与发展的逻辑原点与技术切入点。

价值核算将支撑风景名胜区摸清底数、明晰权属和评估价值，为把握风景资源保护与利用之间的"度"提供一个相对科学与明确的标尺，并将贯穿于风景名胜区规划、建设、监管等各个环节，使资源保护与利用的目标更趋向于价值的保护与价值的增长；价值核算将支撑建立健全风景资源有偿使用和生态补偿的标准，为风景名胜区实施特许经营、资源有偿使用等制度提供价值参量，为风景名胜区的经营与管理提供持续的经费支持；价值核算作为生态系统生产总值（GEP）的重要组成，将在未来的生态产品市场中探索各类交易与补充机制与方法。

生态产品的价值实现是中国式生态文明建设现代化的具体步骤，其需要一个价值发现、价值认同和价值回归的过程，按照"生态资源—生态资产—生态资本"的演化路径，探索建立山水林田湖草一体化的生态产品交易市场，推进生态产品市场化，促进生态补偿多元化，让生态资源保护者得到经济效益。风景名胜区价值核算是推动风景名胜区生态文明建设的有力支撑，将为风景名胜区未来的规划、建设与管理带来新的思维，新的理论，新的路径。

参考文献

[1] 习近平.决胜全面建成小康社会 夺取新时代中国特色社会主义伟大胜利——在中国共产党第十九次全国代表大会上的报告[M].北京：人民出版社，2017.

[2] 习近平.推动我国生态文明建设迈上新台阶[J].奋斗，2019(03):1-16.

[3] 中华人民共和国建设部.风景名胜区规划规范：GB 50298-1999[S].北京：中国建筑工业出版社，1999.

[4] 哲欣.绿水青山也是金山银山[N].浙江日报，2005-08-24(01)[2022-10-21].

[5] 中国共产党中央委员会，中华人民共和国国务院.关于加快推进生态文明建设的意见[EB/OL].(2015-05-05)[2022-10-21].http://www.gov.cn/xinwen/2015-05/05/content_2857363.htm.

[6] 张修玉，滕飞达，马秀玲，等.科学探索"两山"转化的理论与实践[J].中国生态文明，2021(05):35-37.

[7] 习近平.生态兴则文明兴——推进生态建设 打造"绿色浙江"[J].求是，2003(13):42-44.

[8] 柯水发，朱烈夫，袁航，等."两山"理论的经济学阐释及政策启示——以全面停止天然林商业性采伐为例[J].中国农村经济，2018(12):52-66.

[9] 中国共产党中央委员会，中华人民共和国国务院.关于建立以国家公园为主体的自然保护地体系的指导意见[EB/OL].(2019-06-26)[2022-10-21].http://www.gov.cn/zhengce/2019-06/26/content_5403497.htm.

[10] 中国共产党中央委员会，中华人民共和国国务院.关于建立健全生态产品价值实现机制的意见[EB/OL].(2021-04-26)[2022-10-21].http://www.gov.cn/zhengce/2021-04/26/content_5602763.htm.

[11] Milliennium Ecosystem Assessment[M]. [S.l]: Island Press，2001.

[12] 中华人民共和国国务院.关于印发全国主体功能区规划的通知[EB/OL].(2010-12-21)[2022-10-21]. http://www.gov.cn/zwgk/2011-06/08/content_1879180.htm.

[13] 张林波，虞慧怡，李岱青，等.生态产品内涵与其价值实现途径[J].农业机械学报，2019，50(06): 173-183.

[14] 魏民.关于风景资源价值核算的思考[J].中国园林，2009，25(12):11-14.

[15] 皮尔思，沃福德.世界未末日——经济学·环境与可持续发展社会转型时期的价值观念[M].张世秋，译.北京：中国财政经济出版社，1996.

陈从周楠园的兴造、景观及其价值

同济大学建筑与城市规划学院景观学系／韩　锋　杨　晨　周宏俊

摘要：楠园是陈从周先生诸多造园作品的代表作之一，本文梳理了40年前陈从周先生设计与建造楠园的缘起及经过，分析了楠园的格局、空间及景观，着重比较了改造前后的植被景观，并总结了楠园作为当代古典造园代表的创新价值：因地制宜法则的灵活运用、对地方特征的尊重以及当代服务功能的植入。

关键词：风景园林；陈从周；楠园；植被；创新

一、陈从周的造园

陈从周先生是中国园林一代宗师、著名古建筑学家，也是散文家、画家、诗人，是2018年首批"上海市哲学社会科学大师"。陈从周先生为人所熟知的是对于传统园林的研究，陈先生在学术上跨界文学、历史、建筑和园林，尤其在中国园林领域完成了诸多开创性的工作，自成一体，成就卓然。陈先生一生著作等身，专著20余种，论文、散文、诗词不计其数，其中以《苏州园林》《说园》《梓室余墨》等最为著称，成为中国传统园林研究的经典著作。

理论研究之外，陈从周先生更在传统造园的当代实践方面有重要突破。1970年代末，其推动并指导了纽约大都会博物馆明轩项目，开启了当代中国园林输出海外的华章；1987年完成了上海豫园东部的修复工程；1991年推出了完整新造的云南安宁楠园；1992年重建了江苏如皋水绘园；这些园林成为当代造园的经典。陈从周先生将楠园视为其得意之作，曾说到：纽约的明轩是有所新意的模仿；豫园东部是有所寓新的续笔；而安宁的楠园则是平地起家，独自设计的，是其园林理论的具体体现。

二、楠园的兴造过程

楠园项目由安宁地方政府邀请陈从周先生主持。项目动议于1986年。据邓煦女士《楠园春秋》记载，楠园项目源自于当时安宁县（现为云南省安宁市）城建局副局长李康祖的构想。

安宁县于1986年编制了新一版总体规划，将城区面积从3km² 扩展至10km²，并在1988年委托昆明市规划设计研究院与同济大学完成了3km²的详细规划。正是根据新的规划，安宁县开展了较大规模的城市建设，除了市政道路、公共建筑外，百花公园是较大的公共园林景观项目。楠园项目可以说是这一系列城市建设中的一环。

据李康祖回忆，其于1985年参加同济大学主办的为期一年的城建干部学习班，班主任是阮仪三先生。期间听过陈从周先生的园林艺术课，其中讲到了明轩，并参观了苏南一带的传统园林，了解了江南园林中所蕴含的诗情画意、文人趣味，颇受触动。结合安宁当时大规模的城市与文化建设，遂有在安宁建造园林的念头。关于由李康祖提议造园的说法也得到时任安宁县委书记冯立学、县长段文的印证，并且由主管领导同意，这一提议才得以落实。

楠园项目于1990年4月29日动工，1991年12月17日落成。陈从周先生首次到安宁应是1989年。最明确的证据是陈先生于1990年春节写有《滇池虽好莫回头》一文，其中提到1989年夏由李康祖陪同首次来到昆明，明确说到他来到昆明不是为了旅游，而是为了楠园项目，在现场开展实地调查并完成园林构思。陈从周先生于1989年开始带领研究生开展楠园设计工作。据路秉杰先生《云南昆明安宁楠园再访记》，全园统筹布局由陈先生主宰，当时参加设计的主要有陈先生的三位弟子：

路秉杰、刘天华与蔡达峰，陈先生在一篇名为《陈从周谈学问之道》的文章中也提到，几个研究生参与了设计与制图。据几位当事人回忆，在陈从周先生的带领下，刘天华主要负责总图、叠山垒石，路秉杰负责主要建筑物，蔡达峰负责随方就圆的园林小品建筑物。施工以及现场督造主要负责人为常熟第三建筑安装工程公司的张建华，也是豫园与水绘园施工的主要负责人。

陈从周先生于1991年4月再次到安宁，此次停留约半月，在施工现场进行设计调整与督造，每天坚持到工地指导施工并把关。在1991年5月写就的《小城春色》一文中，陈先生提到因楠园现场工作而病倒一事。楠园于1991年12月竣工，陈先生参加了竣工典礼，他本人非常满意，以"水木清华，秀润开朗"评价楠园。陈从周先生在1992年1月初写就的《昆明鸥群》中描述了当时的心境："我远道而去，兴奋愉快的心情不言而喻。"

三、布局与景观

楠园北邻百花山，南邻绿地广场与城市街道，东侧现为一片空地，西侧有一体育馆（图1）。楠园面积5365m²，属小型园林。园林整体为院落串联组合结构，"大园包小园"（图2）。中部主景区最大，东西南3个方向与小院落相接。园内共有建筑14处，建筑密度不高，整体氛围自然疏朗。入口有东西两个，西入口为主入口。在西入口外有山石蹬道与百花公园道路连接，攀登向上通往大门。蹬道两侧有乔木掩映，气氛幽深。

步入大门，进入春苏轩前院。院落窄，面临春苏轩，左右植有两棵玉兰。春苏轩东部有小山如

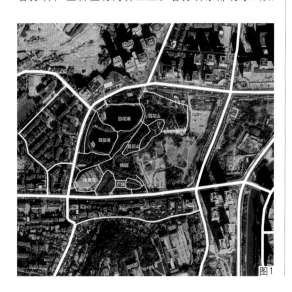

图1 2018年楠园与周边城市的关系
图2 楠园平面图

1. 春花秋月馆　　6. 流泉　　　　11. 春影廊　　　16. 毓秀门
2. 小山流水馆　　7. 音谷峰　　　12. 安宁阁　　　17. 海棠门
3. 引翠／藏春　　8. 怡心居　　　13. 随宜轩　　　18. 三曲桥
4. 春润亭　　　　9. 楠亭　　　　14. 楠园记石刻　19. 入口
5. 大假山／宁谷洞　10. 春苏轩　　15. 四方小院　　20. 服务区

0　　10m

图2

图3

图4

图5

图6

图7

屏，植有桂树，遮挡视线。左墙与建筑前廊相接处开一方门，视线深远，映出怡心居，引人向前（图3）。经过方门，进入怡心居庭院（图4）。庭园空间稍敞，怡心居坐北朝南，对景山石花台，植牡丹和竹类，花木以春苏轩侧墙为背景。怡心居左有门通向幽暗的小院。往东有月洞门，题名"藏春"，中部景区内主厅映入眼帘。

楠园主景区的布局以水为中心，水池面积占中部景区的1/3，环绕山石楼阁，贯以长廊小桥。路径环水一周，建筑均临水而筑。水池东侧、南侧为建筑，北侧、西侧为大小假山，建筑与山相对互映（图5）。

从月洞门步入主景区，近处有小桥跨水于岛，路径蜿蜒通向大假山。中景为大假山，侧面有倾倒之势，远处为主厅堂，正对大假山。池中岛屿环以流水，掩以风车草，临水湖石参差，使人望去殊多不尽之意，仿佛置身于天然池沼中。岛上有置石，题名"音谷"。岛屿连接三曲桥，通向假山洞口。三曲桥北侧假山多山洞，有小瀑布流出。山洞口西

折，洞内有路通向左右，经过曲折的山体内部空间，连接山后走道。上下两条道路分别通向春润亭与主厅。方亭春润亭位于主景区东北角，所在地势较高，四周花坛也较高，植有楠木。春润亭被隐蔽在高大乔木之下，与楠亭遥遥相对。

水面东北角沿假山蜿蜒成涧，涧上跨有小桥，接邻鸳鸯厅（图6）。鸳鸯厅是楠园的主要建筑，东西向，前后两面开敞，左右为实墙，因而览景有限。鸳鸯厅西侧主题为"春花秋月"，东侧主题为"小山流水"。鸳鸯厅东侧出一大月台，跨建于水上，立于平台，主景区景色一览无余，左为春影廊和楠亭，右为大假山侧面，正面没有中景，远处为小假山与月洞门，似有深意（图7）。从鸳鸯厅向南折，经游廊，达随宜轩。随宜轩临水，水自轩下流入，人在轩中，仿佛跨溪之上，不觉有尽头了。随宜轩东出院，院东接竹林后院，北接四方小院。四方小院四侧开门，门的形状各不相同。北侧海棠形门与随宜轩相连。

随宜轩西折为春影廊。春影廊蜿蜒于水池南

侧，东西延展，连接东西主厅与春苏轩（图8）。廊有平面曲折，两次与墙脱开，依墙置石，植有花木，水体渗入，形成水石交融小空间。廊亦有微妙的立面起伏，有凌波之意。廊侧墙上开空窗与漏窗，与南部服务区视线渗透。廊中部转折，连接六角亭楠亭，亭翼然邻水，凭栏得静观之趣。楠亭与大假山山洞正对，四面都有景，景物层次丰富。俯视池水，水流弥漫无尽。

主厅东侧有后院，正对花台置石，稍北有水潭，接邻假山洞和山洞之上的安宁阁，此为典型的"下洞上台"做法。水潭被墙分隔，墙上有拱门，水潭上置有石汀步，穿过小门，进入安宁阁小院，右为假山云梯和假山洞（图9）。假山洞内有石柱、石窗，假山洞外接云梯蹬道通向安宁阁。安宁阁高度有限，阁上无法远眺，无法看到园外，只可见中部水池与楠亭之顶。同时阁前有乔木遮挡视线。

四方小院东门八方门连接楠园东门入口区。东门入口区宽阔，随台阶而下到达门楼。台阶曲折，两侧花坛种植乔木、灌木，有林木深深之感（图10）。东门入口区可以看见安宁阁顶部隐现在林木中。四方小院北部连接一个建筑，带前院，为员工房。四方小院西门则通向服务区。

东西延展的线性服务区在主景区南侧，东西与入口院落相通，不与主景区直接相连。服务区北部为连续的植栽，南部为建筑以廊相连，相互之间隔有植被。建筑由西向东依次为卫生间、三个展厅、一个员工用房。建筑有形制上的变化，曾作商业业态，现为园林展室。

四、植被景观的巨大变化

楠园于1991年建成，2018年经过一次大规模修整，对植物改动较大，2019年植栽整体呈现新的面貌。三个时期的植物疏密、天际线等空间整体效果都有区别。

鸳鸯厅主厅后面（图11），刚建成时没有植物作为背景，2018年主厅后面还有较高的乔木和竹子，2019年主厅后面已经没有了乔木和竹子，层次减少，效果和刚建成时相近。

随宜轩两侧，刚建成时花坛里都是小树苗，随宜轩看水池空间显得非常空旷。2018年两侧花坛都有两棵高大的柳树，作为前景掩映，围合感很强。2019年两个花坛分别只剩一棵柳树，围合性减弱（图12）。

春影廊北侧，刚建成时有许多高大乔木，2018年乔木更加繁多和茂密，廊和楠亭有尺度适宜的背景衬托。而2019年已经不见高大乔木，只有一些中等高度的乔木和园外的竹子，廊后空白较多，围合感不如之前（图13）。

主景区西侧（图14），刚建成时墙后一片空白，几乎没有高大植物。小假山上也没有植物遮挡春苏轩。2018年，小假山上桂树繁茂，遮挡了春

图8　春影廊
图9　安宁阁小院入口
图10　楠园东入口区
图11　鸳鸯厅主厅背后植物对比
图12　随宜轩两侧植物对比

刚建成　　　　　　2018年　　　　　　2019年　　图11

刚建成　　　　　　2018年　　　　　　2019年

刚建成　　　　　　2018年　　　　　　2019年

刚建成　　　　　　2018年　　　　　　2019年　　图12

刚建成　　　　　　　　2018 年　　　　　　　　2019 年

图13　刚建成　　　　　　2018 年　　　　　　　　2019 年

图14　刚建成　　　　　　2018 年　　　　　　　　2019 年

图 13　春影廊两侧植物对比
图 14　主景区西侧植物对比

苏轩，院墙背后乔木也繁茂，服务区也有高大的乔木作为背景。2019 年服务区的高大乔木被砍去，其他和 2018 年相近。

根据以上对比可见，楠园刚建成时植物较稀疏，还未生长成型，没有高大乔木作为建筑的背景，中部景区缺少周围的包裹和遮掩。2018 年整体植物繁茂，服务区高大茂密的植物作为背景更显空间幽静深邃，水池周边的植物也比较繁密。2019 年经过修整后，服务区原有的桉树被全部砍掉，水池旁的柳树也减少，乔木变少，植物高度变低，水池周边空间变得空旷，幽深感和层次感减弱，建筑也缺少适当的植物作为背景衬托，植物作为视线前景的掩映效果也减弱。

五、创新价值

（一）巧于因借

楠园园外无景可借，陈从周先生对于场地的因借体现在对于百花山山势的延续以及对于园外不利视线的屏障。《楠园小记》中有云："倚山垒石亭馆参列"，将大假山安置在北侧园墙内，楠园北侧的地面高度也高于南面，所谓"倚山垒石"，是对场地有利因素的因借。

场地外的不利视线有东侧的住宅楼、西南侧的体育馆，以及北侧的傣亭。对其视线的屏障手法体现在鸳鸯厅主厅朝西侧布局规避住宅楼、安宁阁的高置障景以及假山和植物对傣亭的障景。据《中国园林鉴赏辞典》介绍，安宁阁"最初设计时无，后

因园外有一楼房紧迫，影响观瞻，遂于小山上加建，以增加其高度，起到一定遮挡藏拙作用。故小阁仅两面有廊，可居高赏景，背后即园之界墙，封实，另一侧只开花窗，是古代造园中尽端建筑手法的活用"。因此安宁阁最初的设计只是为了障景，对不利的景象加以掩藏，体现陈从周先生对于场地不利因素的规避。

（二）地方特征

楠园的构园也注重对于地方材料的利用。楠园的主题就来自于云南所有的楠木。楠园的假山选用了当地的石材，陈从周先生认为当地多山多石，奇形怪状，颇有特色，因而坚持就地取材，拒绝从江南运太湖石到云南，体现他对因地选材的重视。楠园的山石色彩与质感均有当地特色，其形浑厚，纹理朴拙，阴润潮湿，滴水淋漓，与江南园林的太湖石和黄石有所差异。可见虽说是造江南园林，也非生搬硬套的照搬，而是保留江南园林的典型空间特征，融入当地的地方特质。

（三）服务功能

陈从周先生认为造园应与功能结合："且人游其间，功能各取所需，绝不能以幻想代替真实，故造园脱离功能，固无佳构。"同时他认为园林的功能、造景、名称要随时代变化，应当符合当代人的生活方式。这样的改变也体现在楠园的构园上。

楠园的造景手法沿用江南古典园林的手法，但在功能格局上有所突破。江南私家园林是私人或者一个家族的玩好趣味，含有日常居住、宴会的功能。而楠园不是私人的观赏园林，带有一定的公共性质，但楠园也不能算作城市公园，因其建筑密度过高，活动场地小，况且还紧邻城市公园百花公园。楠园可被看作面向公众的，具有古典园林特征的城市观赏性园林。

楠园服务区凸显了园林的公共性，具有时代特征，在风格上是新的突破。在总体关系上，服务区连接园林两个入口，空间上独立于中部景区，作为公共路径连接了城市街道和百花公园，即街上的游人可以不进入景区而到达百花公园。对于园林内部来说，传统的私家园林通常为宅园相依的格局，而楠园以服务区替换"宅"的部分，是陈从周先生的创新。南部的服务区曾被称作"安宁小街"，有一定商业功能。现在作为文化展览，减少烟火气息，更具清净文化氛围，同时也是造园艺术的解说和展示。

凝练地域特色，营造植物诺亚方舟

——广东省深圳市仙湖植物园规划设计

深圳市北林苑景观及建筑规划设计院有限公司／叶　枫　徐　艳　池慧敏

摘要：深圳市仙湖植物园是一座具有"中国园林传统民族特色、华南地方风格和适应社会主义现代生活内容需要的风景植物园"，承载植物学基础研究、多样性保护与利用、科普保育、风景游赏等多样功能。本文通过回顾仙湖植物园的建设历程、总体规划设计特色、发展趋势，探讨其独特的风景园林准文化遗产价值。

关键词：风景园林；仙湖植物园；文化遗产；设计手法

前言

深圳市仙湖植物园位于深圳市罗湖区东郊，东倚深圳第一高峰梧桐山，西临深圳水库，建园至今四十余年伴随深圳特区共同成长。1983 年应深圳市之邀，北京林业大学孙筱祥教授领衔主持仙湖植物园规划设计工作，并确定了园名、性质、内容、园址及总体设计的初步方案。同年 8 月 "深圳仙湖植物园筹建办公室"正式成立，并由时为北京林业大学园林学院教授的孟兆祯院士主持仙湖植物园总体规划设计。园林建筑设计和结构设计由白日新教授和黄金锜教授承担，于 1985 年完成了主景区（湖区）设计任务，1988 年 5 月 1 日正式对外开放。四十余年间，历代仙湖植物园管理者与规划设计工作者励精图治，秉承并创新、发扬风景植物园的理念，先后进行两次总规调整，现今仙湖植物园已发展为深圳市唯一进行植物学基础研究、开展植物多样性保护与利用等研究工作的专业机构，也是梧桐山国家级风景名胜区的重要组成部分，承载着植物科普、物种保育、园林风景游赏等功能。

一、植物园发展历程

（一）选址及定名

"深圳要建设属于深圳人自己的植物园"，从 1982 年开始拟在现莲花山公园的位置筹建植物园。由孙筱祥先生领衔的、以北京林业大学园林学院教授为主的规划设计团队，在选址上经过多方比较、研讨，遍寻深圳山水，最终建议选址梧桐山中毗邻深圳水库的大唐坑（深圳林场内）。这里山高入云，峰峦叠翠，谷壑奔流，山林间野趣横生，地形变化丰富，山中溪涧终年不涸，葱郁的林木、奇花异果以及裸露的岩石，是一处建造风景植物园的理想园址。这里不仅有理想的山水骨架，更有梧桐仙庙旧址和梧桐仙池遗址，还有 "凤凰栖于梧桐，仙女嬉于天池"之说。此处犹如世外桃源幽存其中，其间早存仙意，故定名为 "仙湖"。深圳时任市委、市政府领导听取了孙筱祥教授关于植物园移址的汇报，经研究，同意将建园地点从莲花山迁往深圳林场。从此，深圳市仙湖植物园正式诞生了，1982 年 9 月深圳市规划局为仙湖植物园划定了红线，占地面积 574.3hm²。

（二）总体规划历程

深圳市仙湖植物园的发展经历了创立期（1983—1988 年）、发展期（1989—2000 年）、成熟期（2001—2015 年）以及飞跃期（2016 年至今）4 个阶段。

1. 创立期

仙湖原本无湖，孟兆祯先生领衔主持总体规划设计，通过认真勘察、计算，借山溪而于山之隐处筑坝拦水便形成了现如今众山怀抱的仙湖。以山环水抱的湖区为主景区，沿山腰和一些小山头布置控制景点。内向有心，外而可借，集中与分散相结合，因山构室，就水安桥，组成一座写意的自然山水园（图 1）。经过 5 年多的紧张筹建和施工，首

图1 1985年深圳市政府批复的深圳市仙湖植物园首张规划总平面图
（图片来源：孟兆祯、白日新、何昉 绘制）

期建成棕榈区、竹区、百果园、水景园等植物专类区，园林景点有玉带桥、十一孔桥、山塘野航、芦汀乡渡、竹苇深处、仙渡等，共引种各类植物400余种，加上野生分布的植物，园内共保存植物种类达1900余种。完成了首期的基本建设、植物专类园建设及机构设置工作，最终仙湖植物园于1988年5月1日正式对外开放。

2. 发展期

开园后，遵循总体规划设计奠定的框架基础，十年间先后建成了湖区、庙区、化石森林、沙漠景区、松柏杜鹃景区、天上人间六大景区，拥有苏铁中心、阴生植物区、沙漠植物区、药用植物区、裸子植物区等十几个植物专类区，开发了芦汀乡渡、山塘野航、竹苇深处、揽胜亭、听涛阁、龙尊塔、两宜亭、逍遥谷等十几处园林景点，以及全国首座以古生物命名的自然类博物馆，已形成集植物收集与研究、植物科学知识普及和旅游观光于一体的多层次、多功能、立体化的现代植物园。

3. 成熟期

进入21世纪，仙湖植物园发展进入成熟期，科学价值凸显，大力发展科研队伍建设，提高科研水平，依托科研优势，促进科普、旅游高效运转。先后挂牌"全国野生动植物保护及自然保护区建设工程——苏铁种质资源保护中心""深圳市中国科学院仙湖植物园"，并承办2011年第九届国际苏铁生物学大会，召开国际植物学大会，开展植物DNA条码等多项研究。

2004年，在新的历史条件下，深圳市提出仙湖植物园要建成为海内外一流的植物园，成为名副其实的中国名园。规划在仙湖现有六大景区（多个景点）、14个植物专类园、保存植物4000余种的

基础上，重新调整用地面积和规划目标、梳理交通系统、规划新增植物专类园、完善园区服务配套设施，形成《深圳市仙湖植物园总体规划（2004—2014）》（图2）。

4. 飞跃期

2017年，第19届国际植物学大会在深圳隆重召开。为迎接来自世界各地不同研究方向的植物学专家、学者和爱好者，仙湖植物园用了6年的时间来筹备，卓有成效地推进植物收集、保护、科研、景观营造和科普教育等工作，植物专类园达20个，收集保存植物约12000种（含品种），整体实力和国际知名度得到极大提升，跻身国内一流植物园行列。

2021年10月12日，习近平总书记在《生物多样性公约》第十五次缔约方大会领导人峰会上发表主旨讲话，"本着统筹就地保护与迁地保护相结合的原则，启动北京、广州等国家植物园体系建设"。建园35周年之际，深圳市仙湖植物园启动总体规划修编工作，在尊重植物园现状地势和发展格局的基础上，根据未来植物园的发展战略，提出以发展较成熟的中心湖景区为核心，通过重点发展西部片区，打造连接南北入口、串联三大片区的游赏景观带，在已有的六大景区的基础上，规划新增仙麓山景区和宝巾谷景区，形成"一心一带三片八景区"的规划结构（图3）。将植物园的面积由574.3hm² 扩大至675.38hm²（含弘法寺），新增专类园11个，并对建筑、道路交通、科普教育、游赏、生物多样性保护、基础设施和基础工程等专项开展多方面、全方位的规划，提出仙湖植物园的规划目标：以建设国家植物园为契机，立足我国南亚热带，面向港澳，辐射东南亚和南太平洋岛屿，建设粤港澳大湾区和"先行示范区"山海之城生态系统以及植物资源迁地保护研究机构，创建世界一流综合性植物园。

二、植物园规划设计特征研究

（一）风景建设

仙湖植物园在总体规划设计之初就强调与位于广州的中国科学院华南植物园的差异化发展，首创性提出"风景植物园"这一概念，将植物园科学体系建设与中国独具魅力的山水文化相融合，通过赏心悦目的游览活动使游人得到植物学的科普知识；根据地带性植物条件，选择具有代表性的植物，建设植物专类园，构成景区划分的骨架，而不完全受植物进化和分类的约束；以植物材料为分区内容，

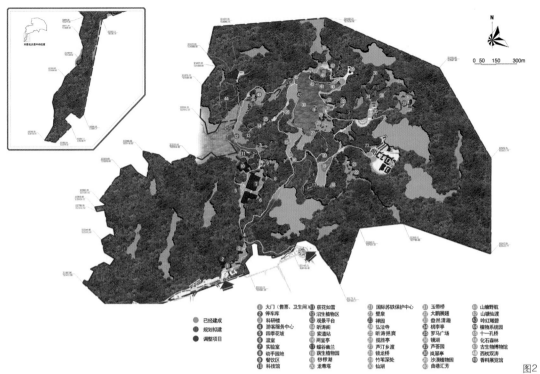

图 2　2004 年版深圳市仙湖植物园总体规划总图
图 3　《深圳市仙湖植物园总体规划（2022—2035）(专家评审稿)》总体规划图

①	大门（售票、卫生间）	⑪	获花如雪	㉑	国际苏铁保护中心	㉛	玉带桥	㊶	山螳野航
②	停车库	⑫	沼生植物区	㉒	壁泉	㉜	大鹏瞰题	㊷	山螳仙渡
③	科研楼	⑬	观景平台	㉓	禅窝	㉝	叠然清通	㊸	呤红瞧睿
④	游客服务中心	⑭	听涛阁	㉔	弘法寺	㉞	桃李亭	㊹	植物系统园
⑤	四季花坡	⑮	索道站	㉕	听涛照真	㉟	罗马广场	㊺	十一孔林
⑥	温室	⑯	两富亭	㉖	揽胜亭	㊱	镜湖	㊻	化石森林
⑦	实验室	⑰	蝴蝶幽兰	㉗	芦汀乡渡	㊲	芦苔园	㊼	古生物博物馆
⑧	动手园地	⑱	蕨生植物园	㉘	镜石桥	㊳	古生物博物馆	㊽	西枕双涛
⑨	餐饮区	⑲	秒椤湖	㉙	竹军深处	㊴	岚翠亭	㊾	香料展览馆
⑩	科技馆	⑳	龙尊塔	㉚	仙湖	㊵	沙漠植物园		
							曲巷汇芳		

图 2

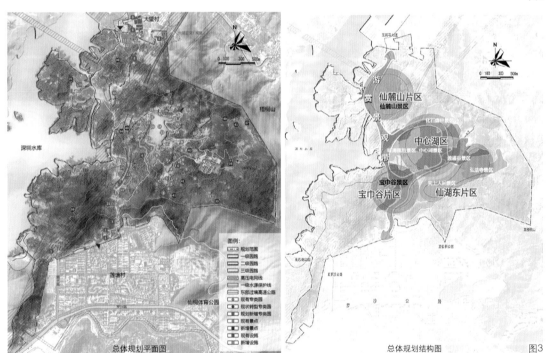

总体规划平面图

图例：
- 规划范围
- 一级园路
- 二级园路
- 三级园路
- 高压电网线
- 一级水源保护线
- 东部过境高速公路
- 现状转型专类园
- 规划新建专类园
- 现有景点
- 新建景点
- 现有设施
- 新建设施

总体规划结构图

图 3

因地制宜地赋予景区有传统文化底蕴的景名，游人通过"问名心晓"的过程，品赏风景和心领其中意境，同时注重科研，注重特色，使科研、科普与技术创新紧密联系，以展现时代特色，特区精神。仙湖植物园的成功，在于秉承"相地合宜，构园得体"的理念，基于自然山林风景本底，结合造园艺术手段，借山造水，景面文心，为特区新城积淀风景园林文化。

1. 借山造水

仙湖植物园北依梧桐山，西临深圳水库，整体地势中间低、四周高，由山地、丘陵、水体等组成，地形多变，具有良好的自然山水骨架。遵循"因地制宜、随势生机、巧于因借、因境成景"的理法，依山就势、整体布局，通过筑坝拦水、积山溪汇流，于群山环抱处将传说的"仙湖"意境再现，并将之作为全园主景区（图 4）。风景布局"巧于因借""因境成景"，在景观视线良好的近水区、山腰和一些小山头处设置亭、台、楼、阁，建立景观控制点；在观景点处，内观秀丽仙湖，远借浩渺水库、巍巍群山，最终达到了"极目所至，晴峦耸

图 4　群山镶玉、山环水绕（图片来源：孟兆祯先生展览）

图 5　仙湖药洲（图片来源：孟兆祯先生展览）

图 6　雨后仙湖与药洲

图4

图5

图6

秀，绀宇凌空"的景观效果；再"因山构室，就水安桥"，建成别有洞天、芦汀乡渡、竹苇深处、野航、两宜亭、玉带桥、龙尊塔、听涛阁、揽胜亭等十几处景点。

以"仙湖"为中心，将各植物专类园融入湖区周围的山谷之中，根据深圳市所处地带条件，选择有代表性的植物组成分区植物骨架，除山腰以上自然保护区外，开辟了"修木硕花"（大花乔木区）、"余荫蕴碧"（阴生植物区）、"葵林棕风"（棕榈植物区）、"竹苇深处"（竹类及单子叶植物区）、"曲港汇芳"（水生植物区）、"盎然情趣"（盆景展览区）、"药洲"（岭南药用植物区）、"金岩染碧"（岩生植物区）、"翠屏松风"（松柏类裸子区）、"雨林垂葛"（亚热带藤本植物区）、化石森林、沙漠景区、天上人间等植物专类园区，并建有国内首座古生物博物馆和世界上第一个迁地保存的化石森林，自然与人文景观交融一体，体现"运心无尽、精高求精"的境界。

2. 景面文心

中国传统园林理法强调"虽由人作，宛自天开"，景虽以境出，但"境"由心造，仙湖植物园既定位于"中国第一个风景式植物园"，其造景构园过程无一不体现了"景物因人成盛概"的心法，巧妙运用了北方园林建筑的形式与江南园林的尺度，满足游人赏心、悦目、畅神的要求。定名"仙湖"，契合场地文脉特质，又有"住世瀛壶"之意，是国人理想人居环境模式。"仙湖""药洲"（图5）问名、立意、构思的核心都源自岭南园林，各个景点因境生情，引人入境，"因地制宜赋予景区有传统意味的新名称，游人通过'问名心晓'的过程，品赏风景和领略其中意境"（图6）。

岭南药用植物园所在人工岛即"药洲"，位于湖区东岸，得名于广东最早的园林"九曜园"（又称"药洲"，即"仙药之洲"），岛形自然，浅岸入水，神态飘逸。岛上小石坊请汪雪楣老先生撰了两副楹联，正面为：梧山园影葱茏在，海浪宵声断续来；背面为：一望尧天舜地，四围水色山光。水岸交际处，水枝低垂，雨后天晴，水汽蒸腾氤氲，形成典型的岭南水岸景观特色。竹类及单子叶植物区滨水处芦苇丛生，山谷竹林茂盛，借"竹深留客"问名景点"竹苇深处"（图7）。一侧山溪入湖处，以锁龙桥跨溪引进院内，低廊向水院外，庭院内景物深深。南码头取留恋乡情之意，取名"芦汀乡渡"；北码头名"山塘仙渡"，取"八仙过海，各显其能"之意。

（二）科学建设

（1）植物学结合风景园林和山水文化。深圳市仙湖植物园定位为"以风景旅游为主，科研、科普和生产相结合的风景植物园"。作为南亚热带具有较大影响力的风景植物园，深圳市仙湖植物园承载着风景旅游、引种保育、科学研究、科普休闲、植物生产及深圳市生态文明窗口等诸多社会功能。

（2）所在植物区系的生物多样性异地保护。循气候相似和生态相似的原则，立足华南，面向中国热带、亚热带及周边地区，采取野外引种、种质资源交流等方式进行。建园 40 余载，深圳市仙湖植物园迄今保育、收集物种近 12000 种，建有苏铁保存中心、木兰园、珍稀树木园、棕榈园、竹区、沙漠植物区、阴生植物区、百果园、桃花园、水生植物园、裸子植物区、盆景园等在内的 22 个植物专类园。1998 年出版了《深圳市中国科学院仙湖植物园植物名录》，收录引种植物约 3100 种，其中苏铁类先后收集了 240 余种，成为世界保育苏铁类植物最多的植物园之一；蕨类约 1000 种，超过国产种类的 1/3，成为大陆保育种类最多的蕨类基地。此外，仙湖植物园在木兰科、苦苣苔科、球兰属、秋海棠科、鸡蛋花属、棕榈科、簕杜鹃属、苔藓植物、爵床科、芦荟、水生植物、天南星科等植物类群的收集、保育上，均处于国内先进水平。目前仙湖植物园在物种保育方面成为华南地区乃至中国重要的植物资源收集、展示和推广的应用基地。

（3）科研科普相结合，专业社会相普惠。深圳市仙湖植物园的科研工作主要依托深圳市南亚热带植物多样性重点实验室开展，它是仙湖植物园最重要的科研平台，也是深圳市目前唯一一家进行综合植物学和园林园艺研究的机构，有良好的科研基础设施。第二个平台是广东深圳城市森林生态系统国家定位观测研究站，侧重城市森林生态系统监测，于 2017 年初获得国家林业局资助兴建。第三个平台是深圳市园林研究中心，组织和协调相关领域产学研机构，开展园林行业创新工作。深圳市仙湖植物园依托上述平台，开展植物学基础研究、园林园艺应用研究及城市森林生态系统监测。近三年深圳市仙湖植物园在研项目 40 余项，获得资助经费千万余元，取得了一系列的高水平成果，在行内影响日益提升。

（三）文化建设

近年来，仙湖植物园依托自身丰富的生态环境资源和坚实的科研基础，开展了独具特色的科普教育和文化活动，逐渐形成了业内具有影响力的公众科普教育体系，服务青少年和社会大众，传播植物科学知识，增进公众科学素养。"粤港澳大湾区深圳花展自然教育嘉年华""全国科普日主题活动""国际生物多样性日系列活动""博物馆奇妙夜"等科普活动深入人心，深受市民、游客喜爱；日益完善的科普解说系统和植物专类区、科普场馆逐渐成为公众的知识宝库；生动、活泼的专题片——《仙湖植物密码》，相关 App 等，都为公众提供了获得植物科学知识的便捷渠道。

图 7　竹苇深处
|风景园林师2023上|
Landscape Architects　015

深圳市仙湖植物园还组建了优秀的科普团队，依托园内 22 个植物专类园，定期开设活泼有趣的自然教育课程。据统计，仙湖植物园自然学校每年开展 36 场解说和教育活动，截至 2022 年 4 月，仙湖植物园开展的自然教育及文化活动已达 420 场，参与人数超过 12.5 万人次，间接影响人员 24.5 万人次。

（四）运营与维护

借鉴香港等地郊野公园管理经验，科学、规范地对园区绿地、卫生等实行管理，是仙湖植物园的一项重要基础工作。植物园先后实施了 ISO14001、ISO9001、OHSAS18000 等质量、安全管理体系，逐步建立起一整套长效管理制度。仙湖植物园按照 ISO14000、OHSAS18000 体系要求，制定了保安员管理制度、易燃易爆危险品管理制度、车辆管理制度、绿地管养制度等，这些制度详细设置了每个工作岗位，制定了工作质量标准，明确了各责任人的职责范围，确定不同管理责任和目标。

同时，仙湖植物园加强对科学研究、园容、卫生、餐饮等管理人员的相关培训，管理队伍专业化、社会化是仙湖植物园建立长效管理制度的又一举措。目前，园内的保安、消防、除"四害"、绿

图 8　园寺相依

地管养等，均通过公开招标投标，由相应的社会专业队伍承包。同时，植物园内原直接从事这些管理事务的工作人员变成了真正的质量监督者，定期对承包项目的质量进行检查。

三、结语——园寺共创植物园遗产价值

（一）园寺共荣，暮鼓梵音伴花荫

仙湖植物园所在场地原为梧桐仙庙旧址，且有梧桐仙池遗址，有对联曰："梧桐仙洞　梧桐簇花雨　仙洞乐长春。"随着植物园的建设，梧桐山片区的生态环境得到极大提高。因此，深圳市委、市政府提出在梧桐仙庙旧址上重点维修和重建一座新寺院。1985 年 7 月 1 日，著名高僧本焕大和尚亲率众弟子，为深圳弘法寺奠基仪式洒净说法；1990 年 8 月，经深圳市人民政府批准，弘法寺作为宗教活动场所正式对公众开放。三十多年来，植物园与弘法寺协同发展，植物园为弘法寺营造了良好的山水环境，弘法寺丰富了植物园的文化底蕴，形成了现今园寺共荣的发展格局。未来随着仙湖植物园创建国家植物园的步伐，仙湖植物园与弘法寺将进一步融合发展，共同创造仙湖植物园的历史文化价值（图 8）。

（二）鹏城仙境，绿色明珠凝记忆

深圳经济特区正式成立于 1980 年，仙湖植物园于 1982 年开始筹建。仙湖植物园可谓是伴随并见证了深圳经济特区的发展，也为特区生态环境建设和景观品质提升提供了宝贵的技术支持，具有时代烙印。自 1985 年正式对外开放以来，多位党和国家领导人来到植物园视察，许多国内外专家学者以及植物园同行等到仙湖植物园考察和交流，他们或亲植树木，或留下墨宝，或留下佳句，凝固了植物园的历史和文化，成为仙湖植物园宝贵的风景园林文化遗产。荔枝、高山榕、异叶南洋杉、竹柏等名人手植树茁壮生长在仙湖湖畔、梧桐山腰，常年守望着植物园。"梧桐山下一仙景""市外桃源""鹏城仙境""天好地好山好水好人更好，千万花草争艳真乃神仙境地""全国最新成就、最精彩的植物园"等都是他们游览仙湖后留下的赞美之词。1997 年 3 月 9 日，1997 株土沉香"落户"仙湖植物园，庆祝香港即将回归。现今，经过历代仙湖人的励精图治和科学管理，经历两次总体规划调整，仙湖植物园在 30 多年辉煌成绩的基础上，紧抓国家植物园的发展契机，提出了新时代发展目标和发展战略：凝固时代历史记忆，谋划

图8

未来高质量发展，规划为美丽中国建设作出更大贡献。

（三）"双区"驱动，科学引领谋发展

2007年，深圳市政府向中国科学院提出共建仙湖植物园的构想，2008年，"深圳市中国科学院仙湖植物园"正式挂牌，标志着仙湖植物园被纳入中国科学院国家重点植物园建设体系。仙湖进入了新的发展轨道。现今，仙湖植物园已成为中国植物学研究的重要基地之一以及国际植物学研究平台的组成部分，也是多所知名高校的综合实践活动教育基地。在"粤港澳大湾区"和"中国特色社会主义先行示范区"的"双区叠加"时代背景下，在国家生态文明建设以及稳步推进国家植物园体系建设、深圳公园城市建设等新的发展机遇下，仙湖植物园以专业科研力量和自主创新能力为依托，科学研判核心问题，在新的发展机遇下合理确定植物园的发展脉络与方向，为全国乃至全球的生物多样性保护发挥仙湖应有的科学价值，沉淀为兼具科学价值与艺术特色、反映时代特点的准文化遗产品质的园林作品。

仙湖植物园建园之初以规划"全国第一座风景式植物园"为目标，选址于梧桐山下梧桐仙池遗址，通过规划的借山造水、园林的景面文心、科学的专类植物搜集与展示，遵循科学与文化交织的发展理念，采用山水美学与园林艺术相伴的布置方式，建设了世界上唯一的迁地保存的化石森林、全国首座以古生物命名的自然类博物馆——深圳古生物博物馆等核心景区、景点，营造出"全球最美丽的植物园"（美国密苏里植物园主任Peter Raven博士语）。与常规植物园不同，仙湖植物园强调与中国科学院华南植物园等周边城市不同类型植物园的差异化发展，通过风景建设促进梧桐山风景名胜区的形成，园林建设促进生态学与文化艺术的结合，科研建设促进保护生物学与城市人居环境建设的融合，由此奠定了深圳市仙湖植物园的特色和价值，并通过创新规划、科学经营、合理开发使得这些特色和价值得以传承和发扬（图9～图12）。

仙湖植物园深刻记录了深圳市公园绿地的发展历程，保留了完整的岁月足迹，已经具备了风景园林遗产的性质，建议地方政府对其核心价值予以明确的保护和传承。

图 9　化石森林及古生物博物馆
　　　鸟瞰
图 10　化石森林
图 11　仙湖的山水格局
图 12　游客泛舟仙湖

兰心画境，赓续经典

——广州兰圃造园艺术与价值分析

广州园林建筑规划设计研究总院有限公司／李　青　芶　皓

摘要：兰圃历经半个多世纪的建设，凝聚了几代岭南园林设计师和能工巧匠的心血巧思、精雕细琢，始终贯穿着对岭南园林传统和精髓的传承，保持前后统一的园林空间氛围与建筑形式，集中展现了中国园林的美学思想和深厚的岭南传统文化，成为岭南园林的经典之作。其凝聚的历史、文化价值和鲜明的岭南园林风格，充分体现了时代内涵和地方特色，是岭南园林不断赓续发展的"准文化遗产"，也是中国园林的宝贵财富。

关键词：风景园林；岭南园林；传统造园；准文化遗产

一、兰圃概况

广州兰圃，前身是植物标本园，从 20 世纪 50 年代中后期开始，改建成中国第一座以兰花为主题的专类公园。

兰圃面积不大，总面积约 3.9hm²，地块狭长，南北长 400m，东西宽 55m 到 160m，水面面积约 0.9hm²。设计上吸取了古典园林的造园手法，规划布局化直为曲，在狭长地带巧妙安排岭南园林风格的四大景区，使单一直线形的空间变为多样的曲折空间，兰棚、亭榭、荷塘、溪涧、山石点缀其间，景观序列变化丰富，园林空间含蓄隐秀、小中见大，突出体现了"静、秀、趣、雅"的传统园林风格。

兰圃是一个向传统岭南园林致敬的当代作品，在现今的营造手法中充分体现岭南传统造园精神。园林空间精巧多变，步移景异，通过不同尺度景观空间的收放抑扬，在一个狭小的场地上营建出变化多样、余韵无穷的园林胜境；娴熟运用古典园林的借景、框景、障景、对景等手法，通过形式各异的景门、景窗、通廊、花格、树丛等扩大园林景深，使园林空间更丰富，更具层次感。

园中建筑小品是典型的岭南园林建筑，形式古朴典雅。建筑空间布局自由，轻盈通透，与植物、山石、溪涧所组成的室外空间相互交融，浑然一体。

二、建设历程

兰圃场地原为一片荒地，西侧有清真先贤古墓，1951 年开辟为小型植物标本园，1953 年开始改建为以兰花为主题植物的兰圃。

兰圃建园之初的布局和构筑物已不可考，20 世纪 50 年代末到 60 年代初是第一次集中建设时期，1957 年建设围墙，因避开西侧清真先贤古墓，全园呈南北向的狭长形态。1959 年开始兴建第一、第二兰棚以及八角兰棚、入口大门，至 1964 年，陆续建成管理用房、第三与第四兰棚、茅舍等建筑，兰圃主体建筑群和园林格局基本形成。

20 世纪 70 年代初是兰圃第二次集中建设时期，因使用功能变化，对园内部分建筑进行了改扩建，八角兰棚改为供游客休憩的路亭，增设了点景的松皮亭。

20 世纪 70 年代末到 80 年代初是兰圃第三次集中建设时期，兰圃开始扩建西区，整修了惜阴轩建筑群，西区则建设了展示气生兰的野屋和玻璃温室组团。1983 年，因广州市代表中国参加在德国举办的大型国际园艺展——慕尼黑国际园艺博览会，在兰圃西区北部先行建设了"芳华园"的实样样板园。至此，历经 20 余年建设，兰圃确定了最终的园区范围，形成相对稳定的园林建筑群落和园林空间形态。

2001 年，增建兰圃北门，打通全园南北贯穿的园路末梢。

兰圃历经半个多世纪的造园过程，缓慢而有序，风格始终保持统一，使兰圃岭南园林的外在风貌和精神气质得以形成、维护和传承。20世纪50年代末的兰棚等建筑，除建筑形式满足功能要求之外，空间布局适应岭南地域性气候特点，建筑充分利用南方长夏无冬、温暖宜人的气候特点，以"虚"代"实"，模糊建筑室内外界限，室内外空间相互渗透，使建筑与园林环境融为一体，造型简朴大方、轻盈灵巧、明朗通透、色彩清新淡雅。建筑构件和装饰则采用岭南古典建筑的传统元素，兼用现代材料和传统手法，创造出既有传统岭南建筑特色又明快清新的兰圃园林建筑。这种对岭南园林传统和精髓的传承精神贯穿于兰圃后几次的增建、扩建中，设计师极大地尊重了先期建设的园林空间氛围和建筑形式，虽然历经时代变迁，材料和工艺也有一定变化，但始终保证了兰圃园林的整体气质和园林建筑格调的高度统一。

三、布局分析

兰圃基址狭长、空间有限，通过曲折的游线设计和巧妙的布局，实现以小见大、回环往复的观景效果。全园娴熟运用了夹景、对景、框景、借景、障景等传统园林造园手法，步移景异，含蓄隐秀。园内芳华园、同馨厅、惜阴轩、明镜阁、竹篱茅舍、春光亭等景点，其古朴典雅、轻盈通透的岭南园林建筑与颇具南国风光的自然景观环境交融，富有岭南传统园林神韵。

（一）起承转合的风景线

兰圃南北方向长约400m，南门为主入口，自南向北，通过几组水面和环绕水面的园林建筑群，组织收放、开合的园林景区，按"起、承、转、合"的序列层层递进，园路曲折多变，视点高低起伏，游线顿置婉转，构成节奏起伏、张弛有度的空间序列和整体风格统一而意境相异的园林空间。

南入口至月洞门为"起"，游人从南门主入口进入园中，即见棕竹夹道密植（图1），形成一个狭长的廊道，引导视线向北延伸，直到芭蕉月洞门（图2）。此处"夹景"借鉴了留园欲扬先抑的手法，入园先营造静谧幽深的感受。

从月洞门到路亭，空间逐渐开朗，此为"承"。数个较为开敞的庭园和水面次第展开，第一、第二兰棚掩映其中，同馨厅临水而立（图3），湖面开阔平远，空间疏朗明秀，与入口狭窄幽静

形成对比。同馨厅内有"兰蕙同馨"的匾额，为朱德所题。

绕过路亭（图4），景致为之一"转"，由疏旷再转幽深。第三、第四兰棚和国香馆围合出内部水庭，厅堂错落，庭园精巧紧凑。沿小桥流水、杜鹃山曲曲行至竹篱茅舍，一路老树交柯、浓荫匝地，天然风致与石刻、题字之骚雅交融，重在静庭花深、曲径通幽之趣（图5）。

最后的景区为"合"，从竹篱茅舍后院出来，眼前豁然开朗，水面扩大，湖心伫立双层亭——春光亭，因地形存在高差，湖面低回，水岸缓起，岸壁林木秀致，形成隐逸的山林气质（图6）。

兰圃西区明镜阁、野屋建筑群，充分利用地形变化构筑错落的建筑空间，园林建筑依托地势自然挑高，俯瞰平缓的水池和草坡，空间氛围活泼、开朗、明快。西区北侧芳华园水面、船舫、园亭体量得宜，曲折的园路巧妙穿插在景墙、亭、舫和花木之间，园区玲珑小巧，自成一体。

图1　棕竹夹道
图2　芭蕉月洞门
图3　同馨厅

图1

图2

图3

图4　八角路亭
图5　题诗石刻
图6　春光亭
图7　朱德题诗

（二）曲折有致的水景轴

兰圃承古兰湖遗脉，园中溪涧蜿蜒曲折贯穿于全园之中，连接中心和北面的两处水池，水面虽不大，通过开合、宽窄、疏密、大小的反复变化形成曲折有致的水景轴线。水景与园路若即若离、相伴相合，有清池、幽潭、溪涧、叠瀑、壁泉、水庭等多种形态，或隐于花木湖石深处，或延入亭台楼阁内院，或池藻花影交织，或曲水碧意潆洄，时时闻水声，处处清凉意，很好地烘托了全园静秀清幽之致。

四、特色价值

兰圃历经半个多世纪的建设，凝聚了几代岭南园林设计师和能工巧匠的心血巧思、精雕细琢，集中展现了中国园林的美学思想和深厚的岭南传统文

化，具有独特的历史、文化价值和鲜明的岭南园林风格，充分体现了时代内涵和地方特色，是岭南园林不断赓续发展的"准文化遗产"，也是当代中国园林的宝贵财富。

（一）历史价值

1. 兰圃的3个"第一"

兰圃是我国第一座以栽培和观赏兰花为主题的专类游赏公园，从建设之初就受到老一辈党和国家领导人的关怀，朱德将自己培育的兰花捐赠给兰圃，并题写"唯有兰花香正好，一时名贵五羊城"作为留念（图7）。兰圃曾先后接待过多位国家领导人和国际贵宾，也广受人民群众的喜爱和赞誉。

兰圃的芳华园是我国第一次参加世界性的园艺展会，并第一次获得国际奖项的园林作品样板。1983年，广州市园林局代表中国参加德国慕尼黑国际园艺展（IGA），在兰圃中先行建造实样样板园，至今仍是兰圃的经典景点和游客的热门打卡地。芳华园在慕尼黑国际园艺博览会大放异彩，夺得"德意志联邦共和国大金奖"和"联邦德国园艺建设中央联合会大金质奖章"两枚金牌，对岭南园林走向世界产生了深远影响。

2. 兰圃是古兰湖的遗存景观

数百年前，越秀山南麓是烟波浩渺、人文荟萃的兰湖。据《越秀史稿》记载，从三国时期至唐宋年间，兰湖北起今桂花岗，南至西华路附近的第一津，东至今象岗，西与驷马涌汇合；三面环山，一面接水，自古便是广州的风景胜地。南汉国主在越秀山麓广建宫苑，遍植奇花异木。宫女们每日晨妆时，将隔夜残花掷于水中，水上落英缤纷，有桥名曰"流花桥"。到了明代末期，随着城市扩张，兰湖渐成沼泽，遍种菱角、莲藕；至清代湖水干涸，变为民居。如今，古兰湖所在的东部低地已建起了东方宾馆、中国大酒店、广交会展馆等，成为熙熙攘攘的闹市，而闹中取静、独守一隅的兰圃，则保留了兰湖的一脉水系，以溪涧为纽带贯穿全园，全园处处流水，给人留下山水相依的印象，遥遥呼应古兰湖"芝兰生深林，无人常自芳。君子处阶前，明德惟馨香。游鱼牣置罗，好鸟名鸳鸯。微风动林岸，此心共回翔"（晋人诗）的动人景观。

（二）文化价值

1. "兰文化"主题突出

兰圃以"兰"著称，无论是在植物栽培、园林

图8

图9

图10

图 8　附生兰花
图 9　兰花幽径
图 10　草坪点缀

景观还是文化活动方面都体现了鲜明的"兰文化"特色。

兰圃作为兰花的迁地保护园圃，现建有 4 个兰棚，培育有 15 属 113 种、1 万余盆兰花，以国兰中的墨兰、建兰为主，另有 32 个品种的洋兰。兰圃内珍藏有多种国兰铭品。建兰'峨眉奇蝶'，花色呈翡翠色并伴有鲜艳的红色蝶化，花瓣重重叠叠、蔚为奇观。'金丝马尾'是建兰变种叶艺素心第一传统名品，叶片上有细小清晰的金黄缟艺，叶片形状如马尾般细亮密直。'青山玉泉'以素心绿爪闻名于世，内外瓣雪白带绿覆轮，浓香馥郁。此外，白墨兰'银嘴白墨''软剑白墨''早花白墨''中斑白墨'，建兰'君荷''天香素''银边大贡''一品梅'，墨兰'岭南大梅''闪电''达摩爪'等兰花铭品，幽香清远、叶姿飘逸、高雅端庄，业内闻名遐迩。

以"兰文化"为核心，兰圃全园的植物配置突出"高洁、雅致、清幽"的审美特质，大量使用兰、竹、松等寓意风雅的植物，高林蔽日，满目苍翠。兰花或养植于兰棚内，或片植于池潭边，或随曲径兰香生满路，或于林下幽芳细细开，乃至附生于碧树苍枝、绽放于凌云半空，山石花木自然交织，营造含蓄雅致、清幽俊逸的景观（图 8～图 10）。

兰圃也时常开展各类以兰花为主题的展览和讲座，从新春花会的缤纷到中秋兰展的雅逸，以及不时举办的书画雅集，不仅凸显公园的"兰文化"主题，也丰富了兰圃的科普教育功能。兰圃内有许多与兰相关的题诗、楹联、匾额，均出自名人之手。

2. 交融的园林文化

兰圃面积有限，造园艺术精雕细琢，采用中国传统的园林设计方法，按"起、承、转、合"组织空间，游线曲折多变、顿置婉转；集中运用了障景、借景、透景、"小中见大"等造园手法巧妙分割、叠合空间，将山、石、水、植物、建筑空间有机组合，步移景异，突出了中国传统园林"游观"的特点。

兰圃也充分发挥岭南园林不拘一格、兼容并蓄的特点，融合了江南园林和北方园林风格特征。一方面，在布局中吸收江南园林擅长借景与对景、强调虚实变化、移步换景的特点，化直为曲，精巧多变。另一方面，兰圃东西园区的建筑风格各有不同，东区景点众多、布局紧凑、环环相扣，建筑形式具有传统岭南风格；而西区以芳华园、明镜阁及开敞的疏林草地为主体，空间较为开阔，园林风格既吸收了京华园林的恢宏壮丽，又汲取了江南园林的小巧玲珑。

（三）岭南神韵

1. 突出岭南传统园林特征的总体风貌

兰圃赓续传统岭南园林精巧秀丽、清新旷达、灵活实用的总体风格，因地制宜、依托地势筑山理水，重塑高低错落、曲折多变的空间序列；以自然山水园林为造园主景，理水形式多样，水景空间渗透于建筑内外，贯连全园；建筑空间与园林空间虚实相间，互为借景，内外空间互相渗透、结构精巧、开敞自由。此外，兰圃充分发挥了岭南园林经世致用、生活化、实用化的特点，为栽培和展示兰花设置了4座兰棚，兰棚和国香馆、游廊曲径融合形成多重院落空间，融功能入园林。兰圃的3处临水建筑，惜阴轩、国香馆和竹篱茅屋都提供茶饮服务，既是园林主景，也是很好地体验岭南茶文化、品饮各地佳茗之处。

2. 彰显南国风光的群落植物景观

兰圃共有园林植物89科201属270种，大量运用榕属植物、棕榈科植物、竹类植物、茎花植物、板根植物等突出南国风光。采用高山榕、细叶榕、蒲桃、人面子、白兰、菠萝蜜等高大乔木构筑高林蔽日、浓荫匝地的绿色背景；林下营造多种荫生植物观赏生境，除兰花外，广泛种植海芋、大叶仙茅、艳山姜、竹芋等观叶植物，加上全园遍植的短穗鱼尾葵、幌伞枫、假槟榔、蒲葵、美丽针葵等亚热带植物，充分展现出浓郁的岭南地域特色（图11、图12）。

兰圃植物配置娴熟运用了主次、疏密、对比、节奏等传统植物造景手法，又因乡土植物的广泛应用而呈现独特的植物景观。如杜鹃山在马尾松纯林下遍植杜鹃花，再现了岭南红壤丘陵地区植物风貌。而入口夹景列植棕竹，形成狭长的暗绿色视线通廊，将游客视线引导到芭蕉景门。芭蕉景门后则配以罗汉松、鸡蛋花、大花第伦桃等，在传统园林构图的基础上突出了浓郁的南国气息。

3. 地域特色鲜明的造园工艺

兰圃综合运用了多种传统岭南造园的工艺手法。园林小品多采用水泥仿塑工艺，无论仿拟自然的塑石、塑竹、塑松，抑或仿园林构件及建筑饰物等（图13），均精工细作、栩栩如生，充分体现了岭南园林"低材高用，粗材精用"的设计理念，在降低造价的同时，其古朴雅致的工艺风格也与兰圃整体氛围相得益彰。

园内建筑小巧精致，广泛采用岭南地区的木雕、砖雕、灰塑、陶饰、刻花玻璃、琉璃砖瓦等装饰，以岭南的花、果、山水、历史故事等作为艺术创作素材，图案丰富、工艺细致，地方特色浓郁。如芳华园的入口砖雕花窗来源于广州番禺沙湾镇的何氏宗祠（图14），图案精美，富有历史记忆；入口门栏为人工塑竹，园内景墙有精致的琉璃博古和花窗；景门廊、定舫、方亭三座主要建筑采用岭南传统的建造手法（图15~图17），座在鼓形石柱基础上，无其他支撑，屋顶四角飞翘，采用黄色琉璃瓦，上有吉祥的莲花纹样（图18）。定舫主厅以刻花玻璃隔扇分隔南北空间，东西两面也采用刻花玻璃窗，并有贴金双面木刻落地花罩、木刻通花、垂花挂落及通雕装饰；天花藻井也用贴金木刻通花装饰，工艺细致纤巧，图案玲珑浮凸。刻花玻璃以人物、山水、花鸟为装饰元素，除兰花、梅花、荷花外，还将"流花桥"和流花女的故事再现（图19）。木雕的元素有百鸟归图、喜鹊、竹、兰、梅、荷等花卉，以及荔枝、香蕉、佛手瓜、仙桃、石榴、葡萄等岭南佳果，寓意喜富乐多，平安快乐。方亭的美人靠和景墙空窗均为水磨石工艺，做工细致，线条流畅优美（图20）。无论砖雕、木作、窗花、门洞、墙体、楹联等，处处均体现了地

图11

图12

图13

图 11　高山榕
图 12　蒲葵林
图 13　仿竹细部

方工艺特色和岭南风土人情。

五、结语

在狭长有限的空间里，兰圃历经长达半个多世纪的不断建设调整、60余年的使用维护和价值积淀，凝聚着几代设计师和工匠的造园心血，一直保持了浓郁的岭南园林风貌特征和岭南文化精神气质。无论曲折有致、以小见大的空间章法，还是轻盈通透、布局灵活、善用地方工艺的建筑小品，抑或特有的兰花品种培育展示、丰富多样的南亚热带植物群落风光，乃至前辈诗画、名人书法、对外交流等文化活动的留存，都集中展现了中国园林的美学思想和深厚的岭南传统文化，成为岭南园林的经典之作。兰圃在广州繁华喧嚣的闹市中心，另辟出一个优雅的清幽世界，其凝聚的园林风貌、文化景观、历史印记、时代内涵和地方特色，沉淀出中国园林不断赓续发展的"准文化遗产"价值。

图 14 芳华园入口砖雕花窗
图 15 琉璃瓦景墙及花台
图 16 定舫
图 17 定舫花罩及方亭
图 18 莲花琉璃瓦
图 19 "流花桥"玻璃画
图 20 水磨石栏杆细部

江西省传统村落整体保护规划研究

江西省人居环境研究院／徐令芳　龚瀚涛　易桂秀

风景一词出现在晋代（公元 265—420 年），风景名胜源于古代的名山大川和邑郊游憩地及社会选景活动。历经千秋传承，形成中华文明典范。当代我国的风景名胜区体系已占有国土面积的 2.02%（19.37 万 km²），大都是最美的国家遗产。

摘要：本文全面调研、系统性评价江西传统村落保护发展现状，结合江西传统村落空间的分布特征和文化特色，建构"三核九片多点"的整体保护格局。从乡村振兴的视角，分类指引传统村落的发展路径，并提出传统村落聚集核的地域文化保护传承的指引和发展方向，以及村落保护政策机制的建议。

关键词：风景园林；江西；传统村落；整体保护

江西，古称"江右""西江"，山川明秀，历史文化悠久，农兴文盛、大家辈出，道、佛、儒争鼎而共荣，有着众多的优秀文化传承。作为文化大省，江西传统村落不仅数量居全国前列，而且文化底蕴深厚，特色鲜明。时至今日，江西还留存有类型多样、数量堪称可观的体现地域农耕文明遗产的传统村落。截至 2019 年底，正式公布的五批 6819 个中国传统村落中，江西共有 343 个，占全国总数的 5%，名列全国第八（图 1）；另有 102 个江西省级传统村落（2017 年公布的第一批省级传统村落 248 个，其中 146 个晋级为中国传统村落），江西传统村落共计 445 个。

江西传统村落在抚州市、吉安市高度集聚，在婺源县、浮梁县有较高集聚，在其他区域呈散点分布。村落集聚究其缘由，一是抚州、吉安地处赣抚平原和吉泰盆地，地势低洼平坦，为水脉聚集之地，可耕土地较多，适合农耕社会群居生活和发展，自然形成聚落；加之，临川文化和庐陵文化为本土赣文化两大重要支柱，秉持的耕读文化也造就了两地历史上的辉煌。位于赣东北的丘陵山地的婺源曾经徽商众多，经济富足，且历史上浮梁（景德镇原属浮梁）的茶叶和瓷器所带来的地区经济发展为村落集聚提供经济支撑和物质保障（图 2）。

一、江西省传统村落现状及问题

江西历史悠久，自然环境和地域文化多样，不同区域的传统村落有不同的特点和形式。主要呈现出六大特征：一是空间分布：数量众多，分布不均；二是选址布局：依山傍水，聚族而居；三是村落类型：丰富多样，特色鲜明；四是传统建筑：质朴有

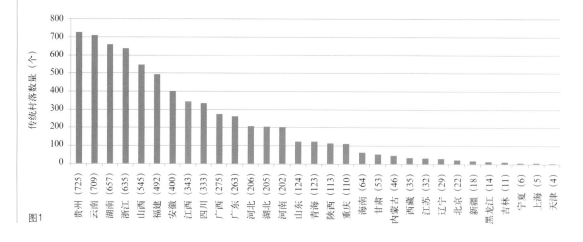

图 1　各省、自治区、直辖市中国传统村落数量统计图（注：未包含台湾省数据）

图1

贵州（725）云南（709）湖南（657）浙江（635）山西（545）福建（492）安徽（400）江西（343）四川（333）广西（275）广东（263）河北（206）湖北（205）河南（202）山东（124）青海（123）陕西（113）重庆（110）海南（64）甘肃（53）内蒙古（46）西藏（35）江苏（32）辽宁（29）北京（22）新疆（18）黑龙江（14）吉林（11）宁夏（6）上海（5）天津（4）

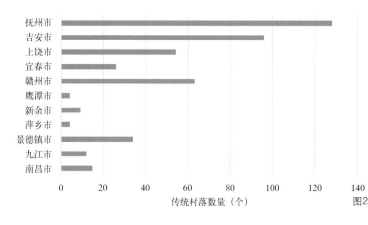
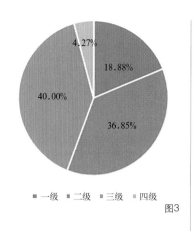

图 2 江西省设区市传统村落数量图（数据截至 2019 年底）
图 3 江西省传统村落现状评价分析图

序，技艺精湛；五是历史环境：要素齐全，年代久远；六是传统文化：多元并存，活态原真。

（一）传统村落现状评价

在全面调研江西传统村落的建村历史、人口规模、地貌环境、格局风貌、传统建筑、传统文化与非遗，以及传统村落的保护状况、资源及产业状况、区位交通条件等现状情况的基础上，提取主要因子，按"好、较好、一般、差"4 种情况分别对传统村落保护、发展进行了现状评价。结合保护、发展现状评价开展了传统村落现状综合评价。共分四级："一级"为保护现状、发展现状评价为两个"好"或一个"好"与一个"较好"的村落；"二级"为保护现状、发展现状评价为两个"较好"或一个"较好"与一个"一般"的村落；"三级"为保护现状、发展现状评价为两个"一般"或一个"一般"与一个"差"的村落；"四级"为保护现状、发展现状评价为两个"差"的村落。江西传统村落现状综合评价：一级有 84 个，占比 18.88%；二级有 164 个，占比 36.85%；三级有 178 个，占比 40.00%；四级有 19 个，占比 4.27%（图 3）。

（二）保护存在的问题

江西传统村落保护取得一定的成效，同时也存在以下问题：

一是保护意识参差不齐，传统村落仍存在无意识的"自主自建性破坏"。

二是人力资源短缺，村落老龄化、空心化，部分村落传统建筑得不到日常的维护，年久失修、老化垮塌和构件盗失，损毁较为严重。

三是江西传统村落点多、线长、面广、量大，省内各地经济发展差异较大，发展动力和资金不足。

四是专业技术力量匮乏，在文物、传统建筑保护方面难以实现及时有效的技术指导；传统村落缺少本土专业工匠队伍。

五是非物质文化遗产传承日渐衰弱。村落的民风民俗和传统节日逐渐淡化，一些传统手工业、民间工艺等非物质文化传承及传承人出现断层，一些重要的文化场所和传统空间逐渐消失。

（三）发展存在的问题

当前，江西传统村落发展呈现不均衡态势，发展主要存在以下问题：

一是基于村落特色的保护性发展相关研究较为薄弱，缺乏从区域角度的宏观资源整合、互动，以及区域宏观发展引导等方面的顶层规划策划。

二是传统村落建筑产权复杂，私有产权比重大且一宅多户共有，导致传统建筑保护和利用意见难以统一，加之房屋受限于市场自由交易，传统建筑空置较多。

三是村落发展方式单一，发展成效不佳。往往忽视自身条件盲目开发旅游，多仅为观光游，缺少深度游；或抄袭其他地区旅游开发模式和旅游产品，造成自身特色缺失，同质化严重，文化活动异化变质。

四是村落发展未挖掘找准自身和地域特色，与第一、二产业的结合关联度不高，村落产业产品结构单一，集体经济薄弱，发展乏力。

二、传统村落整体保护框架

（一）规划目标

凝练江西省地域性文化特色，加强传统村落整体性、系统性、切实有效的保护。规划到 2025 年，初步构建江西省传统村落保护体系，全省传统村落得到基本保护，村落人居环境得到全面提升。到 2035 年，全省传统村落得到全面有效保护，传统村落成为"产业兴旺、生态宜居、乡风文明、治理有效、生活富裕"的乡村振兴先行示范区。

建成 3 处传统村落集中连片示范区，作为江西乡村振兴和旅游发展的样板区、传统文化的重要展示区和示范区。

（二）整体保护格局

基于全省传统村落的遗存现状、空间分布及价值特征，并结合江西省文化格局、旅游空间格局和产业格局的特点，确定江西省传统村落整体保护格局为"三核九片多点"，建构以"三聚集核"为核心、"九聚集片区"为支撑、"点状分布传统村落"为基础的"核—片—点"空间保护格局。

1. 三核

三大集中连片重点保护的传统村落聚集核，是重点打造和集中培育聚集核。

一是以婺源县、浮梁县为中心的传统村落聚集核。二是以金溪县、临川区、资溪县为中心的传统村落聚集核。三是以吉安市（县）、吉水县、泰和县、安福县为中心的传统村落聚集核。

（1）婺源—浮梁传统村落聚集核

以婺源为中心，浮梁为次中心，将传统村落融入赣东北及周边大旅游圈中，成为田园山水特色的世界级乡村度假区、瓷源茶乡特色的国家乡村旅游和乡村振兴示范区的重要载体。包括全域 46 个中国传统村落，作为集中连片重点保护区域进行整体性保护，联动发展（图 4）。其中：

婺源：以特色村落聚集核为引领，以良好生态、醇厚文化、田园意境为重要吸引，通过建设集约型、集群型、质效型乡村旅游度假产业体系、产品体系、运营体系，构建旅游形象鲜明、产业结构优化、综合效益显著的世界级乡村旅游度假目的地。

浮梁：将村落聚集核融入景德镇复合旅游区，围绕"景德镇·一座与世界对话的城市"的城市旅游形象，以古窑民俗博览区为核心吸引，着力打造

图4

图 4 传统村落聚集核实景照片（一）
图 5 传统村落聚集核实景照片（二）
图 6 传统村落聚集核实景照片（三）

具有地域文化特色的浮梁休闲旅游度假区。

（2）金溪—临川—资溪传统村落聚集核

以金溪为中心，包括金溪县、临川区、资溪县在内的57个中国传统村落。该区域传统村落数量众多，集中度高，整体保存较为完好，被誉为"一座没有围墙的传统村落博物馆"，作为集中连片重点示范区域进行整体性保护、联动发展，成为以临川文化为代表的中国传统村落集中连片保护利用的中国样板（图5）。

将赣东乡村聚落文化和儒耕文化为主的堪称"中国农耕文化博物馆"的传统村落集群，融入临川文化旅游发展核和资溪山水生态发展极，打造村落文化特色游线，成为抚州市全域旅游空间格局中的重要组成部分。

（3）吉安（市、县）—吉水—泰和—安福传统村落聚集核

以吉安市为中心，包括全域57个中国传统村落，作为集中连片重点保护区域进行整体性保护，联动发展（图6）。

加强空间精品开发和重构，聚集核内的中国传统村落作为庐陵文化精粹及丰厚原真传承的载体，应依托吉安市，融入吉州窑文化旅游创意区、青原山（禅意疗养）旅游度假区等地域旅游资源，推动文化与载体的活化融合，促进周边村落保护，打造庐陵文化特色旅游区和庐陵文化活态"博物馆"。

2. 九片

省域9处传统村落相对集中或具地域特色的聚集片区，共有94个中国传统村落。

分别是：乐平、靖安—安义、丰城—高安—进贤、乐安、南城—南丰、井冈山、于都—赣县、瑞金、龙南—全南—定南等9处传统村落聚集片区。将各个聚集片区的中国传统村落作为文化保护传承的重点，融入区域产业、旅游圈，协同发展。

乐平：结合乐平传统戏曲文化，打造以民俗风情体验为主的传统村落片区。

靖安—安义：结合大南昌旅游圈，打造以革命传统教育、乡村休闲度假为主的传统村落片区。

丰城—高安—进贤：围绕商帮文化，结合大南昌旅游圈，展现毛笔文化，打造文化活动体验区、乡村休闲度假区和田园生态片区。

乐安：围绕"中国第一村"流坑村，打造以历史文化研考、古村科考探幽为主的传统村落片区（图7）。

南城—南丰：结合麻姑山风景名胜区，打造以田园生态旅游、乡村休闲度假为主的传统村落片区。

图5

图6

图 7 抚州乐安流坑村实景照片

图7

井冈山：以井冈山红色文化为主导，打造以革命传统教育、田园生态旅游为主的传统村落片区。

于都—赣县：结合赣州历史文化名城，打造以客家文化寻源、历史文化研考为主的传统村落片区。

瑞金：结合瑞金历史文化名城，打造以革命传统教育、爱国主义教育、红色文化为主的传统村落片区。

龙南—全南—定南：围绕龙南围屋文化，打造以客家文化寻源、历史文化研考为主的三南传统村落片区。

3. 多点

省域内散布的传统村落，以保护、活态传承为主，共有 89 个中国传统村落和 102 个省级传统村落。

三、传统村落发展指引

在整体保护的基础上，根据传统村落保护发展现状评价、区位交通条件、产业特点和周边自然、文化、旅游资源情况，提出了保护与利用相结合注重策划、文化与产业相结合突出重点、与全域旅游相结合实现乡村振兴等主要发展路径。

规划 4 种发展思路，因地制宜对传统村落进行分类发展指引。一是旅游资源集中或集中连片的传统村落，聚综合优势重点发展；二是周边拥有优质旅游资源的传统村落，依文旅资源嵌入发展；三是拥有传统手工业、特色种植养殖业的传统村落，与特色产业融合发展；四是以传统农业、林业为主导产业的传统村落，促活化传承平稳发展。

在江西"三核九片多点"的中国传统村落规划指引中："重点发展、三产融合"的传统村落有 91 个，占比 26.53%；"嵌入发展、产业带动"的传统村落有 137 个，占比 39.94%；"特色产业、融合发展"的传统村落有 52 个，占比 15.16%；"保护为主、活化传承"的传统村落有 63 个，占比 18.37%。随着外部环境变化和发展水平的提高，传统村落可根据自身条件选择合适的发展思路。

四、发展支撑体系建设

加强聚集核、片区的城镇、产业、交通、旅游服务等发展支撑体系建设以促传统村落发展。规划明确传统村落聚集核、片区"中心城市—支撑城市"两个层级的城镇支撑体系，地域特色产业支撑体系和公共旅游服务支撑体系，特别是强化村落发展的交通支撑体系建设。强化传统村落聚集核和集中片区之间安全、快捷的交通联系；连通、提升三大聚集核、片区内部交通环网的建设和微循环道路网系统。

五、政策机制

针对传统村落老龄化、空心化、发展同质化等问题，规划从区域协同发展、加快用地制度改革和示范利用试点成果转换、创新金融模式和传统建筑活化利用模式，以及扩大文化宣传等方面提出创新政策机制建议。

探索建立各聚集核（片区）保护协同发展的工作机制。建议建立省、市级层面的统筹协调机制，研究区域差异化发展战略和框架，完善体制机制，落实政策措施，推进各聚集核（片区）传统村落保护协同发展。

探索传统村落用地制度改革。积极探索传统民居产权制度改革，加快传统村落内传统建筑和宅基地的确权颁证工作。统筹安排传统村落建设用地，合理安排新增建设用地，盘活存量，用好留量，多种渠道保障历史文化保护和文化旅游设施用地需求。

加快示范利用试点成果转换。积极推动示范工作，在国家示范市（县）的基础上，探索开展传统村落集中连片保护利用省级试点，鼓励有条件的设区市开展传统村落集中连片保护利用示范县工作，并且在政策、资金、基础设施建设等方面予以重点支持。

创新金融模式吸引村落保护利用资金。鼓励、引导各类金融机构对传统村落保护项目提供信贷支持，积极探索、推动补助、无息贷款、贴息贷款或设立保护发展基金等多种方式支持传统建筑保护和传统村落基础设施建设。

创新传统建筑活化利用方式。探索开展传统建筑所有权、经营权"两权"抵押贷款，采取房屋产权人托管使用权的方式，对传统建筑使用权进行流转，破解房屋使用权租赁期限难题，加速传统建筑保护和活化利用。

加强传统村落网络宣传。推进传统村落数字博物馆建设，构建"互联网＋村落文化"平台，为社会公众提供数字化展示、教育和研究等各种服务。引导村落开展民俗节、非遗节、摄影展、文化论坛等文旅活动，提升社会公众关注度与参与度。

项目组情况
单位名称：江西省人居环境研究院
　　　　　江西省城乡规划市政设计研究总院有限公司
项目负责人：易桂秀　徐令芳　龚瀚涛
项目参加人：朱　琼　王益东　曾　翔　殷　武
　　　　　　袁志勇　黄志纯　潘远维　曾　艺
　　　　　　万浩然　林如瑛

山湖一体，城景相融

——江苏徐州云龙湖风景名胜区总体规划

江苏省城市规划设计研究院有限公司／万基财　刘小钊
徐州市云龙湖风景名胜区管理委员会／贺宗晓

摘要：针对城市型风景名胜区普遍面临的发展和保护问题，从风景资源系统保护、空间格局优化、游赏体系构建、城景关系协调等方面，探索在地性城景协调保护发展模式，推动风景名胜区可持续发展。

关键词：风景园林；云龙湖风景名胜区；总体规划；城景融合

引言

云龙湖在北宋时期位于徐州城南部，直至新中国成立初期，云龙湖的北侧仍没有较大规模的城市建设，随着徐州在新中国成立之后的快速扩张与向南发展，云龙湖与徐州城的距离不断拉近，城湖关系也从"相隔""相近"到"相融"，形成了"三面青山—面城"的山水格局，云龙湖风景名胜区也成为与徐州中心城区相融相拥的城市型风景名胜区。

在徐州快速城镇化和生态转型背景下，云龙湖风景名胜区在性质、空间、形态、功能、用地等方面深受徐州城发展的影响，承担生态、文化与旅游等功能。

一、景区发展典型问题

（一）城市化冲击下外围保护体系失控

随着城市发展跨过云龙湖继续向南、向东拓展，云龙湖风景名胜区与城市过渡的外围保护区也面临人工化、商业化、城市化趋势（图1），特别是对建设项目性质、规模、风貌和绿色空间缺乏协调性管控，直接导致山与山、山与水、山与城、水

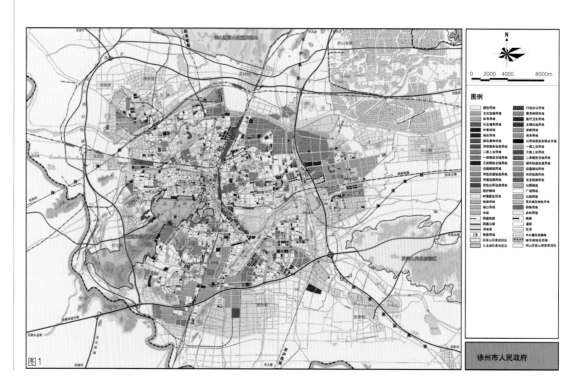

图1　徐州市城市总体规划中心城区用地规划图

与城的景观营造和对视廊的控制受到较大影响，风景名胜区外围保护体系面临失控风险，风景区保护与城市建设之间矛盾日益突出。

（二）规划引导和景源保护体系失效

随着徐州城市化建设和区域交通基础设施改善，云龙湖风景名胜区景源承载空间逐步被城市居住用地和旅游度假项目等包围、蚕食。同时大量城市交通，如湖东路、湖西路和三环南路等从景区内部穿越（图2），割裂了云龙湖和云龙山之间的山水联系，对核心山水景观的连续性造成不利影响，景区资源保护及生态环境受到前所未有的挑战。

（三）多重功能属性导致空间利用失衡

云龙湖风景名胜区作为典型的城市型风景名胜区，承担着城市滨水区、风景名胜区、生态保护区与城市公园等不同区域的特性，多重身份的不同功能属性作用下，风景区内城市建设用地、风景区建设用地和非建设用地无序争夺有限空间资源，导致风景区旅游接待功能、游憩功能、城市居住功能、生态保护培育功能等空间布局混乱（图3），使得风景区内部在空间、功能、形态、景观等各层面的规划体系引导失调，影响风景区空间资源的有效利用和风景区的可持续发展。

二、规划策略

规划结合风景名胜区资源系统普查和综合评价，在协调资源保护和可持续利用的基础上促进风景名胜区与城乡协同发展，注重与土地利用规划、城市规划等衔接，针对界线调整、分级保护区划定及管控措施、土地利用等重点和难点问题，提出科学的发展路径和合理的规划方案，同时全面挖掘资源特色，精心组织游赏空间，合理配套服务设施，使风景区积极主动融入区域城镇化、区域生态文明建设的宏观体系，全面发挥风景名胜区作为城市生态绿肺、遗产保护地和休闲旅游区等综合功能。

（一）构筑生态空间系统格局

结合山水城林田湖等要素，通过建设适宜性、景观廊道控制、生态安全格局构建等叠合分析，将山水林田湖保护与风景区发展整体统筹，提出"通山、连水、见乡田"的规划措施，通过"塑双核、通双脉、生三片、成一体"空间优化策略（图4），保护并强化云龙湖风景名胜区整体生态格局的完整性与延续性，强化核心山水资源的完整性保护，连

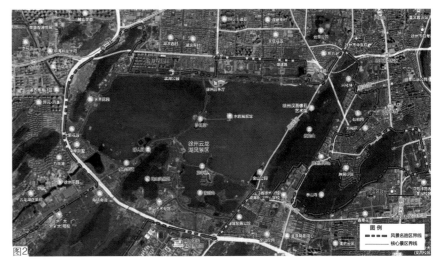
图2

图3

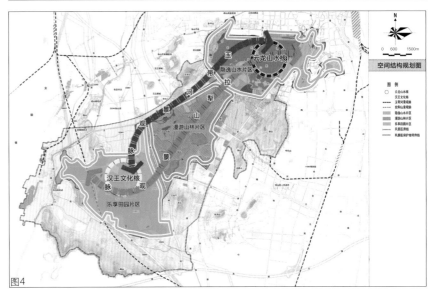
图4

通原本割裂的蓝绿空间，构筑生态空间系统格局，夯实徐州中心城区大美景观本底。

（二）优化景区空间功能布局

结合风景名胜区资源系统普查和综合评价，在协调资源保护和可持续利用的基础上促进风景名胜

图2　云龙湖风景名胜区现状卫星遥感图

图3　云龙湖风景名胜区综合现状图

图4　云龙湖风景名胜区空间结构规划图

图5

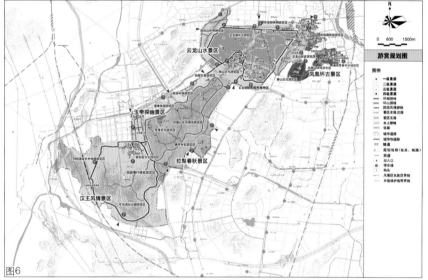

图6

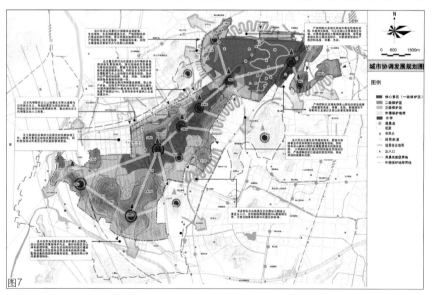

图7

图5 云龙湖风景名胜区土地利用规划图

图6 云龙湖风景名胜区游赏规划图

图7 云龙湖风景名胜区城市协调发展规划图

区与城乡协同发展，注重与土地利用规划、城市规划等衔接，进一步优化景区空间功能布局，协调城市与风景名胜区在景观、功能、配套等方面的关系，引导城市建设用地与风景区建设用地的协同互

动发展。规划选择云龙湖南侧片区为主要旅游接待服务区，通过实施"显山露水""退渔还湖"等重点工程，搬迁云龙山下和云龙湖周边8个自然村至附近的新建住宅区，搬迁云龙山西坡的企事业单位至景区外，整体降低云龙湖风景名胜区内的开发强度（图5）。同时，结合"蓝脉"（云龙湖—玉带河—拔剑泉）和"绿脉"（珠山—拉犁山—大窝山）的连通，以及景区、游览区、景点三级结构的空间细化和功能设置，形成以北部云龙山水核与南部汉王文化核联动、蓝绿双脉贯通、各游览区功能协同的空间发展格局，改善云龙湖风景名胜区南北空间发展失衡，引导空间资源的有序利用。

（三）建立全域风景游赏体系

统筹风景区南部和北部旅游空间，结合功能导向和旅游服务设施布局，加强景区南部和北部的旅游联系，构筑"环湖（云龙湖）、环山（拉犁山）、环田园（汉王镇）"山水田园有机串联的全域风景游览体系（图6）。结合景点建设生态旅游、康养旅游、田园度假、文化体验等业态，健全风景区全域游赏服务设施，满足人民日益增长的休闲需要和文化需求，让绿水、青山、乡愁融为一体且相得益彰。

（四）引导风景区向城市反向渗透

云龙湖、云龙山、珠山、拉犁山等作为城市生态绿心，是生态廊道的汇集点和城市南北有机联系的纽带，规划严格保护景观节点、特色景观视廊，控制城市沿线景观面，协调城景结合地带，分区域分类型引导项目建设，在设施共享、视廊保护、建筑控高、风貌保持等方面加强控制引导。同时，重点针对云龙湖北部、拉犁山东部、云龙山南部等城景结合地带，在生态上规划预留大量外围绿化空间，在景观上协调外围新建建筑高度、体量和色彩等（图7），在功能上充分利用外围城镇设施为风景区提供服务，引导风景区自然景观和人文要素向城市内部渗透，使与风景区相协调的景观风貌、为风景区服务的功能配套向城市内部渗透，改变风景区被城市发展包围的被动保护局面。

三、技术特色

（一）践行生态文明，探索在地性城景协调保护发展模式

规划引导并实现基础设施共建共享，解决了风景区内原本山水割裂、南北发展失衡等主要矛盾。

图8

图 8　云龙湖风景名胜区规划总图
图 9　小南湖片区生态景观修复和
　　　珠山文化景观品质提升
图 10　文化景点建设实景

通过绿山、理水、营湖，进一步改善风景区生态环境与景观品质（图8），探索具有在地性的城景协调保护发展模式，塑造出新时代"绿山理水营湖"的生态文明典范。

（二）彰显地域文化，推动风景区成为城市记忆和旅游金名片

规划将云龙湖风景名胜区的彭祖文化、汉源文化、红色文化、名仕文化、宗教文化等与徐州云龙湖大山水格局、历史文化脉络和城乡发展相融合，推动徐州多元文化历史胜迹与历史典故集中传承展示。结合景点建设和设施配套，突出彭源汉韵地方特色，把云龙湖风景名胜区建设成为传承徐州地方文化内核的精神文化家园，成为新、老徐州人共享的文化魅力之湖。

（三）响应城市双修战略，满足人民对美好生活的休闲需求

规划积极响应城市双修战略，兼顾文化挖掘、生态修复和景观赋能，实施云龙湖南部小南湖片区生态景观修复和珠山文化景观品质提升（图9），拆除景区内棚户区、鱼塘、民房和企业厂房等200多万平方米，建设小南湖、东坡文苑、好人园、天师广场等30余处文化景点（图10），生态修复面积1.06km²，增加水面0.76km²，使云龙山水自然景观向南延伸1km（图11），景区优美的自然山水和浓郁的地方文化传承融为一体、相得益彰。

四、规划实施

（一）显山露水，完善山水格局

结合徐州市"显山露水"工程，规划对云龙山和云龙湖周边的自然村、企事业单位等实施搬迁，村民迁至附近新建住宅区，各项配套设施齐全，居

生态修复前　　生态修复前　　生态修复后　　生态修复后

珠山旧貌（破旧民房、污水直排）　　小南湖旧貌（破旧民房、菜棚遍地）　　珠山、小南湖生态修复后景观风貌

图9

植入徐州印文化的金石园　　生态修复后的小南湖　　生态修复后的徐州艺术街区

弘扬社会正能量的好人园　　生态修复后，植入道教文化的天师广场　　历史文化景点恢复

图10

图 11　小南湖片区建设实景

图11

民生活质量得到提升，企事业单位疏解到风景名胜区外，风景区景观风貌得到改善，整体搬迁建筑面积达 200 万 m^2，为景区的生态修复提供了空间。在此基础上，结合云龙湖南扩工程新开挖了小南湖，将云龙湖水面向南延展 800m，水面面积由原来的 5.8km^2 增加到 6.4km^2，更好地体现了云龙山、云龙湖山水相依的空间格局的完整性。

（二）生态修复，营造生态空间

本着生态修复为主的原则，在大面积的村庄和企事业单位搬迁完成后，对山体实施复绿，新增加山体绿化面积 77.2hm^2，对水面实施南拓，新增水体面积 60hm^2，打造山水相连的生态空间格局。同时，对云龙山西坡、珠山西坡和南坡三处采石宕口实施生态修复，加固处理岩石面，修复损伤的山体，种植乡土树种和灌木，增加生态连通性，逐渐恢复山林生态。2015 年 1 月云龙湖生态修复项目获得中国人居环境范例奖。

（三）控源截污，提升云龙湖水质

结合环湖截污工程，建设 11.74km 排污管道和 3 座提升泵站，将原来直接排入云龙湖的污水截流并输送至市区污水处理厂处理，云龙湖水质得到有效保护；在云龙湖上游建设净水厂，提升上游河道水质，有效解决了进湖水质的污染问题，也一定程度上解决了云龙湖补水换水问题；同时，对云龙湖上游老旧小区实施雨污分流工程，确保只有雨水进入云龙湖内。经过持续的修复和保护，云龙湖水质常年保持在国家地表水 Ⅲ 类以上标准。

（四）实施退渔还湖，营建自然生境

整治鱼塘，恢复自然水面 113hm^2，还原自然生态水体，让水生鱼类繁衍生息，促进以鱼抑藻、以鱼控草的水生态功能修复，逐渐形成健康的生态平衡系统。规划划定云龙湖西湖为鸟类保护区，有效保护了候鸟的生存环境。同时，利用云龙湖西湖清淤之机，建设生态岛，面积 35 亩（约 2.3hm^2），营建纯自然的生态空间，为动物生存提供了良好生境。

五、结语

在规划引导下，云龙湖风景名胜区陆续实施了显山露水、控源截污、拆违还绿、退渔还湖，以及珠山生态修复、小南湖生态修复、玉带河园林景观改造提升、汉王镇农村环境综合整治等项目，重塑"三面青山一面湖"的壮美景观，构筑了徐州城区最重要的生态绿色空间，形成"山水灵秀地，最美城中湖"的景观格局，云龙湖也成为徐州最亮丽的城市名片。

项目组情况

单位名称：江苏省城市规划设计研究院有限公司

项目负责人：刘小钊

项目参加人：吴　弋　刘小钊　万基财　刘　骥
　　　　　　徐　希　吴洪敏　贺宗晓

深山藏古刹，幽谷听梵音

——山西太原太山龙泉寺景区综合整治设计实践

北京北林地景园林规划设计院有限责任公司／厉　超　李　澍　李关英

摘要：针对太原市太山龙泉寺景区现状存在的问题与痛点，以"整体保护修复、局部点状开发"为总体思路，以"生态修复、文物保护、景区运营"为工作重点，通过系统性的规划设计，统筹解决景区生态保护与开发利用的关系，在太原西郊描绘一幅"深山藏古刹，幽谷听梵音"的简远、清旷山水画卷。

关键词：风景园林；龙泉寺；景观整治；山体修复

一、项目背景

2010年11月，国务院正式批复设立"山西省国家资源型经济转型综合配套改革试验区"，省会太原迎来了绿色转型发展的关键时期。太原是一座有着2500多年建城史的国家历史文化名城，其深厚的历史文化底蕴是"锦绣太原城"的根脉所在、魅力所系。太原市委、市政府紧紧围绕建设"锦绣太原城"战略目标，以太原市深厚的历史文化底蕴与丰富的人文资源为有力抓手，不断加快资源型城市绿色转型的发展步伐。

龙泉寺原名"昊天观"，始建于唐景云元年（710年），是2013年国务院公布的第七批全国重点文物保护单位。太山龙泉寺景区位于太原市晋源区风峪沟内，临近晋祠、太原植物园、晋阳古城、蒙山等知名景区景点，总面积约260hm²，是太原西郊重要的历史文化型景区（图1）。

二、设计思考

自20世纪90年代以来，由于龙泉寺景区附近洗煤厂、石膏矿、采砂场的无序开采与经营，河流水体遭到严重污染，河堤支离破碎，山体植被被破坏严重，山体创面区域险象环生，存在崩塌、滑坡、泥石流等地质灾害隐患。这些隐患严重影响了景区的生态环境与人文环境，同时也给游客的人身安全带来了致命威胁（图2）。如何在自然条件恶劣、环境污染严重的场地上重现龙泉寺昔

日盛景？如何将少人问津的河谷建设为游客心向往之的知名景区？这是设计需要思考和解决的核心问题。

经过长达1个月的现场踏勘与资料收集工作，设计团队在科学认知景区各项生态与人文要素的基础上，针对现状存在的各类问题，确立了以

图1　项目区位图
图2　龙泉寺景区现状图

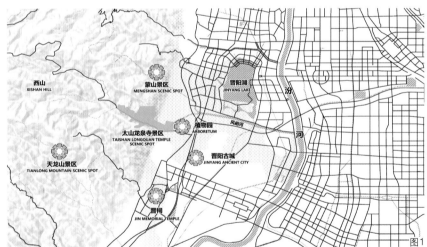

图1

图2

"整体保护修复、局部点状开发"为总体思路，以"生态修复、文物保护、景区运营"为工作重点，通过优化功能分区、完善交通组织、创新生态修复措施、拓展游憩内容等方式，系统性协调景区生态保护与开发利用的关系（图3）。秉承"寄情山水、崇尚自然"的审美理念，以中国古典园林的造园手法，在太原西郊描绘一幅"深山藏古刹，幽谷听梵音"的简远清旷山水画卷（图4、图5）。

三、设计要点

（一）生态筑基，以生态手段挽救岌岌可危的生态系统

1. 山体创面生态修复

太原地处大陆内部，属于暖温带大陆性季风气候。冬季受西伯利亚冷空气的控制，夏季受东南海洋湿热气团影响，形成了冬季干冷漫长、夏季湿热多雨的特点。降水季节分配不均的气候特点叠加山体创面高差大、坡度陡、坡体不稳定等立地条件，导致景区内雨季水土流失严重、山体滑坡频发，旱季降水不足，植被难以存活的现状情况，山体创面生态修复工作迫在眉睫且难度巨大。

在综合考虑气候特点、立地条件、工程成本与施工难度等因素的基础上，设计团队提出适合于北方地区的山体创面修复技术，具体方法为：①削坡成台，通过土工网格、锚杆、植生基材、坡脚挡土墙等措施稳定坡体。②延坡脚设置截水沟与高位水箱，雨季收集雨水，旱季用于灌溉。③以适地适树为原则，采用黄栌、白皮松、侧柏、丁香、连翘等太原西山地区原生树种进行山体生态修复。经过多年努力，成功修复景区内72万 m^2 山体创面，实现山体全面复绿（图6、图7）。该项技术获得了多方认可，目前已在太原其他同类型项目中推广使用，并取得了显著效果。

2. 风峪河生态修复

受周边洗煤厂、石膏矿、采砂场等污染企业的影响，风峪河河堤支离破碎、河道淤塞，存在严重安全隐患；河流水质更是极端恶劣，为劣Ⅴ类水质。针对以上问题，设计团队提出了"多自然型河道修复技术"：在水安全方面，通过调整水系纵坡、设置跌水以及消力池，使设计水流速度控制到冲淤自平衡数值。堤岸采用抗冲刷能力强的重力式毛石

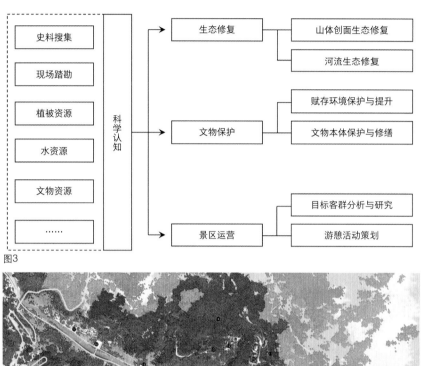

图3

图例
🅐 唐式驿站　　🅑 综合服务区　　🅒 长亭　　　　🅓 太古公路　　🅔 驿道　　　　🅕 风峪河
🅖 游客服务中心　🅗 唐式牌坊　　🅘 李孝存墓　　🅙 龙园新院　　🅚 望都阁　　　🅛 龙泉古院
🅜 西坪塔林　　🅝 太山　　　　🅞 茶亭　　　　🅟 村口广场　　🅠 店头古村　　🅡 龙山
图4

图5

驳岸，堤脚采用石笼柔性护脚，防止水流淘刷后的不均匀沉降，实现 6km 破碎堤岸修复。改造后风峪河经受住了 2021 年山西特大秋汛的考验，保证了人民群众的生命财产安全。在水生态方面，采用源头控制、过程消减、末端净化、生态重建等措施，构建了由"河流—滩涂—湿地—河岸"组成的复合型生态系统，将河流水质由劣 V 类提升至地表 IV 类水标准，并形成了多样化生境，极大地丰富了生物多样性（图 8、图 9）。

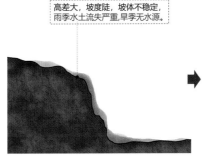

图6

（二）文物保护，以史为据恢复盛唐山地型寺庙园林

据《太原旧方志》记载，龙泉寺始建于唐景云元年（710 年），初为道教"昊天祠"，后毁于金、元时期战火。直到明洪武二十四年（1391 年）重建，更名"太山寺"。之后因天旱无雨，地方官和百姓们到此求雨，发现汩汩而流的泉水，认为是虔诚求雨有应，龙王赐泉，于是冠以太山寺"龙泉"雅号，并雕石龙，建龙池，修龙王庙。明嘉靖《太原县志》中有"太山有龙池"记载，为太山寺别名之史证。清道光《太原县志》："龙泉寺在县西十里，太山之麓，唐景云元年建，明洪武二十四年重修，寺后有皇姑洞""风峪口在县西十里。西属交城入娄烦路，唐北都西门之驿道也。"（图 10）透过这些史料，我们仿佛可以看到这样一幅画面：一位古代香客乘马车沿驿道西行，经十里颠簸至寺院山门，他抬头望向半隐于山林和云雾中的古刹。这时，微风吹过，耳畔梵音时隐时现。他怀着一颗虔诚的心拾级而上，沿途伴着潺潺的溪水声……

1. 文物本体保护与修缮

设计团队严格遵循《太原市太山龙泉寺保护规划》对文物建筑及遗址的保护要求（图 11），联合文物保护、古建筑、传统泥塑、传统木雕等多个领

图7

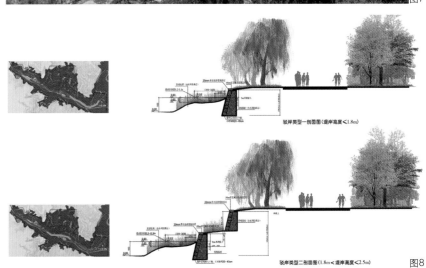

图8

图9

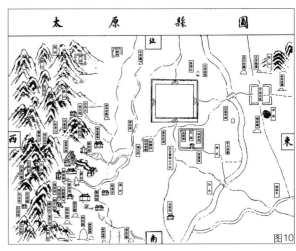

图10

图 11 文物建筑及遗址保护措施图（图片来源：《太原市太山龙泉寺保护规划》）

图 12 景区入口建成实景

图 13 香道沿途景观建成实景

图 11

图例
日常保养
现状整治
重点修缮
非文物建筑
保护范围
建设控制地带

北
0 20 60 100m

元代塔林　望都阁
唐式牌坊（山门）　新增登山道
李存孝墓
唐式驿道："一寸三斩"面黄砂岩条石铺装
唐式石拱桥

图 12

图 13

域的专家和工匠，以史料作为依据原址修复 3km 唐代古驿道、龙泉寺（部分建筑）、后唐名将李存孝墓、元代塔林、明代古堤防"锢垅堰"等文物古迹（图 12）。在文物本体保护与修缮工作中，坚持采用传统工艺、传统材料和传统技法。如，修缮古驿道所用的石材为石匠手工凿制而成的"一寸三斩"面黄砂岩条石，石材的天然纹理与表面深浅不均的凿痕最大限度还原了驿道的原真性。

2. 赋存环境保护与提升

区别于平地型寺庙园林，龙泉古刹依山而建，藏于山坳，寺院宛若生长在山林之中，极富"深山藏古刹"的意境。设计团队继承了前人的朴素生态观，怀着一颗敬畏的心进行规划设计：所有新建建筑与新建场地均充分考虑现状竖向与植被条件，随形就势合理布局，力求达到与自然环境的融合协调。群山峻岭之间，溪谷沟壑之旁，自然景观的万千变幻也为规划设计提供了丰富的借景条件，形成了"寺在山上，山在寺中"的风景式山地寺庙园林。风景园林学科提倡的"因地制宜，道法自然"的设计理念与佛教所宣扬的"平和包容，随遇而安"的生活态度在此不谋而合。如，现状连接景区入口与寺院的香道仅是一条登山石阶，石阶两侧杂草丛生，景观效果单调乏味。设计团队依据现状竖向条件，在香道沿线随形就势设计了一条溪流，溪流起于龙泉，向下串联了多处现状坑塘和洼地，最后止于山脚的放生池。溪流宽窄不一，时急时缓，与香道的距离也时近时远，潺潺流水声将山谷衬托得更加幽静。溪流的加入一方面提升了香道沿线的景观品质，增添了游人登山时的情趣，另一方面也为植物生长提供了水源，极大地改善了景区的生态环境（图 13）。

（三）关注运营，拓展丰富多彩的游憩活动

在过去，寺庙是僧侣和香客们的修行所与朝圣地。自 20 世纪 80 年代开始，随着文化旅游的兴起，以宗教文化体验为核心的宗教旅游的市场潜力逐渐显现，商业价值愈加凸显。2008 年，太山龙泉寺因出土千年舍利而声名大噪，旅游市场潜力巨大。

1. 目标客群分析与研究

对目标客群的分析与研究是关乎景区运营能否成功的关键一环，研究重心在经历了年龄分析、人格分析、生活方式分析、价值观分析等演变后，旅游动机作为心理特征中的一种，因具有相对稳定的特点，在研究中越来越被重视。在太山龙泉寺景区的目标客群分析与研究中，设计团队采用旅游动机分析法，确定了普通旅游者与宗教爱好者两大目标客群，并将旅游动机细分为：休闲放松、社交情感、学习、好奇、神灵庇护和心灵皈依6个维度（图14）。

2. 游憩活动策划

通过对目标客群的分析与研究，我们认为太山龙泉寺景区需要改变以往单纯的以参观朝拜为主的游览方式，应当开展满足更多游客参与的体验式活动。因此，设计团队结合景区自然资源与人文资源，针对普通旅游者策划组织了太山红叶节、"九九重阳"登山节、汉服文化节、驿道怀古、龙泉棋局等动静两宜的活动；针对宗教爱好者，策划组织了素食、拜忏、浴佛、供灯、斋天等宗教法务活动。丰富多彩的活动内容，满足了不同旅游动机客群的游憩需求（图15）。

四、结语

太山龙泉寺景区自开园以来，受到了社会各界的广泛关注。通过综合整治，完成72万 m² 山体创面的生态修复；6km 破碎堤岸修复；150 余株古树名木的就地保护；5处文物古迹的保护与修缮；3km 唐代古驿道的原址复原；河道水质由劣V类提升至地表Ⅳ类水标准。将一个私挖滥采严重、山体满目创伤、河流污水横流、少人问津的河谷，改造成为生态环境优美、文化底蕴深厚、游憩内容丰富、服务设施完备的人气景区。2020 年游客量突破了 30 万人次，实现综合消费收入近 5000 万元，带动了当地就业以及产业转型。

太原市太山龙泉寺景区综合整治工程是一次对"中国北方资源型城市绿色转型与高质量发展"的有意义探索，也是一次对"绿水青山就是金山银山"生态文明思想的生动实践。

项目组情况
设计单位：北京北林地景园林规划设计院有限责任公司
合作单位：太原市园林建筑设计研究院
太原市市政工程设计研究院
山西达志古建筑保护设计研究院有限公司
项目负责人：孔宪琨　厉　超
项目参加人：吕海涛　李　澍　周　同　韩　雪
李关英　孙少华　石丽平　朱京山
刘框拯　李　军

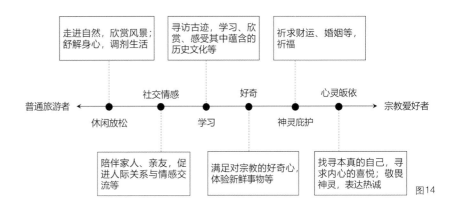

图14

图15

图 14　目标客群旅游动机分类维度
图 15　景区活动实景

线性文化遗产保护可持续发展研究

——广东连州古驿道保护利用实践

广东省城乡规划设计研究院有限责任公司／牛丞禹　张子健　李　霜

摘要：线性文化遗产是世界文化遗产的组成部分之一。南粤古驿道作为历史上联系中原地区和岭南地区重要的交通线路，经过广东省政府持续多年的保护修复和活化利用，成为广东推动乡村振兴新的发力点。连州古驿道是南粤古驿道中保存较好、历史较为悠久且活化利用成效较为明显的段落，因此对连州古驿道的保护利用是广东省探索线性文化遗产可持续发展的重要"试验田"。

关键词：风景园林；古驿道；保护；利用

一、项目背景

线性文化遗产是世界文化遗产类型之一，指在拥有特殊文化资源集合的线形或带状区域内的物质和非物质的文化遗产族群，运河、道路以及铁路线等都是重要表现形式。广东省南粤古驿道是指1913年以前广东境内用于传递文书、运输物资、人员往来的通路，包括水路和陆路的官道以及民间古道。作为线性文化遗产，南粤古驿道是古代岭南与中原地区经济交流和文化传播的重要通道。连州秦汉古驿道最早记载于《史记·南越列传》，距今约有2000多年的开发和利用历史，是广东省最早的古驿道之一。连州秦汉古驿道位于现广东省北部连州市，在连州市域空间上呈现"Y"字形分布，分东西两翼两条主线，历史线路包括陆路驿道260多公里、水路驿道170多公里，累计超过430km，古驿道沿线分布有众多古驿道相关遗存、古村、自然和人文资源（图1、图2）。

自2016年起，为有效促进乡村振兴，带动粤东西北等山区地区发展，助力文旅和体育产业，广东省政府组织推动了南粤古驿道保护利用工作，连州古驿道是其中最重要的线路之一。经过持续多年的总体规划、精心设计和用心维护，目前连州古驿道文化线路已初具规模，沿途古道等历史遗存修缮完好，配套服务设施配置完善，并以抗日战争时期广东省立文理学院（现华南师范大学）在连州办学的旧址为核心展示区，建设了连州古驿道上的华南教育历史研学基地等特色节点（图3），实现了以古驿道文化线路为载体，整合串联沿线历史文化资源，构建古驿道游憩体系，对促进南粤古驿道保护与活化利用、展示岭南地域文化特色、促进县域经济健康发展、实现乡村振兴等产生了重要作用。

二、规划方案与利用实践

（一）现状困境与挑战

1. 破碎化与片段化

线性文化遗产的最典型特征是其具有连续性和较大范围的空间跨度，长距离的线性空间一方面有利于形成丰富多变的文化类型和单元组合；另一方面也造成了其时空、地理、行政区的割裂，极易造成线性空间片段化和破碎化等问题。以连州古驿道为例，连州位于广东和湖南交界位置，历史上虽是重要的省际交界地带，但受限于多山地和丘陵的地形地貌特征，尚未发展起如铁路等快速便捷的现代

图1　连州东线古驿道
图2　连州古驿道南天门

图1

图2

交通形式。其现代交通依旧延续以高（快）速路为主的形式，而现代连州的道路交通网络很多是依托于平原地区的古驿道。但因为平原地区的古驿道破损和灭失较为严重，只有位于山林中的古驿道本体得到了较好的保存，进一步加剧了线性文化遗产在空间上的不完整，表现出地点分散、单点体量小的特点。

2. 雷同化和均质化

连州市地处南岭之中的萌渚岭南麓，境内丘陵冈峦星罗棋布，自然风光秀美，有连州地下河等5A景区，同时连州保存有较多格局完整、文化底蕴深厚的历史古村，为发展乡村旅游、自然观光等创造了良好的基础。但受到经济条件和基础设施水平等的制约，连州优秀的文旅资源尚未形成品牌效应，与邻近地区的广西贺州、桂林以及广东沿海地区相比仍具有较大差距，无法持续吸引游客。这进一步导致连州文旅开发陷入盲目跟风、旅游体验不佳的循环。具体到本次最重要的节点之一——华南教育历史研学基地（连州）为例，广东省立文理学院抗日战争时期在连州的办学点旧址，主要集中在连州市西部的东陂镇西塘村、江夏村、塘联村等村落，在本项目启动前，相关村落具有历史风貌的建筑多已变为危房或被新建住房严重遮挡，且新建农房缺乏建设管控和引导，建筑格局杂乱、风貌不佳。距村庄1km的东陂镇东陂古街虽已完成古道修复，但周边产业形式较为单一，沿线布置的农家乐、特产店等具有高度一致性，提供趋同的文旅产品，也无法创造更多附加价值。

3. 简单化和模式化

现阶段连州最主要的旅游品牌分别是连州地下河和连州摄影节。对古驿道及其相关资源的开发利用程度低，主要以机关单位、驴友等自发组织的徒步、踏青等活动为主，活动形式单一，活动所创造的经济效益和对周边区域的带动作用极其有限。而广东省立文理学院办学旧址的活化利用也亟待创新，特别是对历史文化的发掘深度和广度多存在内容重叠、力度不足，文化布展内容缺乏逻辑性，表现形式上以墙展板为主，单一简陋，各村布展内容重复，互动性低，不能满足游览和研学需求。

（二）规划目标与愿景

以连州为代表的山地欠发达地区，其古驿道经过修复连接后，具有串联特色村落和自然美景、吸引公众休闲旅游、推动沿线乡村发展的天然优势，具有文化修复，历史和自然体验，村庄整治和经济发展相融合的多元目标。为此，本次规划提出了"秦汉驿道游径，千年历史讲堂，打造研学旅游、亲子旅游目的地"的连州古驿道保护与活化目标愿景，构建了包含古驿道遗存及周边自然景观、城镇、村落、历史人文遗迹、公共文化设施及各类非物质文化遗产在内的复合型文化线路游览体系。以"历史线＋休闲线＋连接线"的空间组织形式统筹区域内资源，其中，历史线以古驿道历史真实走向为依据，通过连接古驿道本体，串联沿线古村、驿站驿铺遗址，形成具有历史价值和保护价值的路径；休闲线以绿道、散步道、古驿道连接线为载体，串联自然景观、特色村镇，为游人提供游憩、观光、运动的路径；连接线以连接古驿道线路和现代交通线为目的，提高文化线路的连续性和游览线路的可达性。

图3

图3　华南教育历史研学基地

郭大力书舍
书舍以郭大力命名,提供让人自我反思和沉浸式体验的空间。

读书会
在林荫路两侧摆置"读书"主题雕塑,重现场景记忆。

炮火连天
对场地内现有的残墙进行修复加固,作为场地内文化科普的重要场所。

砺儒书舍
在场地核心区域建立砺儒书舍,传承林砺儒教育育人的先进理念,激励后辈不断进取。

群贤院
作为文理学院旧址入口的第一个景点(开篇章),在广场中部摆置校长铜像,景墙刻制校园简介及相关老师的简介,营造浓厚的文化纪念氛围。

图4 华南教育历史研学基地规划及设计图
图5 立体信息柱设计示意图

(三) 实施方案

1. 突出重点、整体包装

以古驿道本体保护作为连州古驿道保护利用的触媒,对古驿道进行分类修复、效果协调:一方面将古道两边向外延伸30m作为绝对保护范围,其中的古亭以外墙向外延伸30m为四至绝对保护范围;另一方面古亭、古桥等相关遗产保护是在原真性保护基础上,融合现代实用功能。同时,还对周边乡村、自然生态等空间进行整体包装,如利用现有闲置农房改造成驿站,重新诠释历史建筑的价值,展现当地地域文化特色。旧改建筑应保留原有架构,采用乡土材质进行改造,并加挂灯笼、对联、木质牌匾等,以及采用农耕器具、农作物、乡

土植物加以装饰。古驿道沿线最主要节点——华南教育历史研学基地所在的西塘村、江夏村、塘联村、镇上老街形成参观和研学教育环线;村与村之间通过田间农基路进行连接,每村间隔约1km,兼顾了游览和村民使用 (图4)。

2. 统一主题、保持特色

通过标志系统,以最快捷和有效的方式建立起连州古驿道品牌和游览线路体系。标识系统因具有相对统一的造型等优势,因此有利于在项目早期便给游客形成体系感,且图文并茂的解说形式有利于文化展示宣传和游客理解,如连州秦汉古驿道结合古道的历史故事形成"古道二十一景"展现古道悠久的文化内涵。华南教育历史研学基地规划及设计理念来源于林砺儒创作的广东省立文理学院校歌节选,"走遍了险阻,却淬砺了奋斗精神,我们要探索真理之光,我们要广播文化食粮"。设计以"人文织补"的手法破解时空孤岛,以"烽火求知连州路"为主题,策划华南教育历史研学基地 (图4),尊重和还原历史风貌,将抗日战争时期的办学旧址改造成具有纪念、展览功能的多功能展示空间,并与古村落活化相结合,形成展示抗战历史与乡村特色的公共空间。特别是将搜集到的珍贵历史照片、资料烧制成瓷片,以纪念柱的形式进行展现,进一步强化了连州古驿道独特的历史魅力,成为连州一道亮丽的风景线 (图5)。在连州西塘村,规划以华南教育历史研学整体展陈,重点介绍林砺儒、郭大力的故事,利用几个宽广的空间布置成课室,成为特色研学实践课程的课堂。从西塘穿越田间步道连接江夏村的百年榕树,沿路打造小景,营造当年读书求学之路的场景。重点挖掘、还原当年学生生活学习的场景,如树下读书、饭堂、宿舍、图书馆、体育文娱场景等。并通过提升村道连通现有景点,为形成旅游环线以及文旅产业、商业导入提供承载空间。

3. 产业导入、品牌打造

在活化利用方面,连州古道通过强化精彩节点和线性文化遗产的关联,策划省级赛事,例如定向越野大赛、少儿绘画大赛、文化创意大赛等,增加古驿道沿线人气。同时方案还对沿线的餐饮、民宿、农副产品等产业进行了规划布局和发展指引,让沿线的产业能够导入南粤古驿道保护利用工作体系之中,兼顾居民生活需求和游客游览需求。在餐饮产业发展上,规划打造能容纳400人以上的稻田特色餐厅,为大研学团队服务并兼顾假日游的团队及散客美食;在民宿产业发展上,策划了稻田特色民宿的建设、运营方式。

图 6　连州古驿道文体活动现场图
图 7　设计师与村民共同设计现场

图6

图7

三、特色与亮点

(一) 保护利用方式创新：以活化带动保护，古为今用

连州古驿道的保护跳出了原有的"片段化""简单化"的单点式保护模式，采用了跨行政管辖的整体协同保护模式。从"修旧如旧"的文物保护原则，转向"修旧但与旧区分""尊重历史痕迹"的历史文化活化利用方式方法。从以考古和文保专业为主体，转向文物、风景园林、城乡规划、文旅等多专业统筹协调。把古驿道遗存与环境作为整体统一谋划，将古驿道与历史文化展示、户外体育活动紧密结合，策划满足游览需求的徒步线路，打造历史与现代结合的网红乡村图书室，注入现代使用功能，大大增强了文化遗产的生命力（图6）。

(二) 活化利用模式创新：实现了全民参与、共建共享

连州古驿道建立了全过程的公众参与机制，并将古驿道开发与乡村产业发展紧密结合，带动采摘园、农家乐的发展升级。特别是在华南教育历史研学基地建设过程中，改造的图书室、新建的滨水慢行道不但改善了乡村出行条件，加强了线性文化遗产空间与周边区域要素的关联性，使其产生相互影响，丰富了村民的业余生活，实现了公共服务设施的共建、共享，让连州古驿道游径成为解决和协调文化保护、乡村振兴、产业升级等区域典型问题的有效途径之一（图7）。

(三) 连州古驿道的文化元素植入和特色化展示创新，创造出文旅融合新产品

以宏观时空视角解读线性文化遗产，发掘背后的文化脉络和文化价值。历史文化资源的保护需要

公众关注，文体、旅游和青少年活动是"社会共享和参与"方式之一，场景的多角度还原是"非物质文化"输出的有效途径。连州古驿道凭借其优美的自然环境和风景，成为承载游憩功能的"绿水青山"和开放式的自然博物馆，并与周边的自然生态和历史人文景观相互连通，构建了连州自然山水和历史人文游憩廊道，创造了文旅融合新产品和新的乡村旅游模式——集自然生态风光、踏寻历史文化故事于一体，将休闲娱乐与文化性、知识性、趣味性、体育健身相结合，给乡村带来了久违的客流量。

四、结语

从本质上看，无论是南粤古驿道的修复利用，还是华南教育历史研学基地的打造，它们都属于对南粤遗产的抢救性活化，项目过程中有着省"三师"专业人士的志愿参与，且采用低成本的原真性利用原则，调动了基层积极性与民众参与等。再者，二者的共同目的都是助力精准扶贫、美丽乡村建设以及文化复兴，因此对促进广东省政治、经济及文化的发展都有着相当的现实意义。连州古驿道和华南教育历史研学基地的规划、设计与建设，始终根植于乡村，设计灵感来源于历史文化与当地风俗，同时坚持了以村民现实需求为根本，以文化保护为基础的原则。项目经过多年的实施，目前已经基本完成，年接待游客量稳步增长，已成为华南地区受欢迎的旅游目的地、粤港澳三地学生研学的重要节点。

项目组情况

项目负责人：马向明　邱衍庆　林善泉

项目参加人：牛丞禹　张子健　李　霜　曹烁阳
　　　　　　王国今　张　郗

辽宁省鞍山市千山风景名胜区总体规划项目

辽宁省城乡建设规划设计院有限责任公司 / 李　林　刘守芳　晏晓冰

摘要： 本项目将千山风景名胜区规划为11个旅游景区，坚持科学地保护千山风景名胜区自然资源、历史文化遗产和生态系统，真实完整地展示千山壮丽的山水风景、悠久的历史文化和良好的生态环境，实现国家级风景名胜区风景、环境、社会的可持续发展目标。

关键词： 景区规划；生态保护；建设管控

千山风景名胜区位于辽宁省鞍山市东南方向17km处，东邻辽阳县八会镇，西抵鞍山市大孤山镇，南起辽阳县隆昌镇，北接鞍山市千山镇镇区（图1）。1982年11月8日，鞍山千山风景名胜区获批为第一批国家重点风景名胜区。1997年12月5日，辽宁省人民政府同意将鞍山市千山区管辖的韩家峪村、庙尔台村和倪家台村划归千山风景名胜区管理委员会管辖。2000年5月18日，鞍山市第十二届人民代表大会常务委员会第七十五次会议批准将千山区大孤山镇上石桥村划归千山风景名胜区管理委员会管辖。至此，千山风景名胜区拥有了明确的管理边界、统一的管理机构和详细的规划。

一、现有规划

千山风景名胜区1990年版总规经国务院同意，建设部进行批复，确定千山风景名胜区总面积为72km²（经核图后确定实际投影面积为67.90km²）。规划确定千山风景名胜区在总体结构布局上由8个景区组成：北部游览区、中部游览区、仙人台游览区、水色游览区、植物科普游览区、山林游憩区、果香田园游览区以及通明山游览区。

二、本次风景区规划的必要性

（一）梳理城市发展与风景区发展之间的矛盾

千山风景名胜区实行分级保护管理，划分为一级保护区、二级保护区、三级保护区进行管控（图2）。本次规划需对原有边界重新调整与细化，进一步明晰风景名胜区边界。解决国土空间规划与风景名胜区的矛盾，正确划分生态保护空间、城市建设空间。在《鞍山市城市总体规划（2011—2020年）》中，占用了服务区部分地块，景区与城市范围交叠，管控要求模糊，给千山风景名胜区的保护与发展造成困扰，给风景区的管理带来矛盾，需要进行协调解决。本次边界调整将此部分调成城市用地，由城市规划统一管控。

图1　千山风景名胜区在鞍山市区位置关系

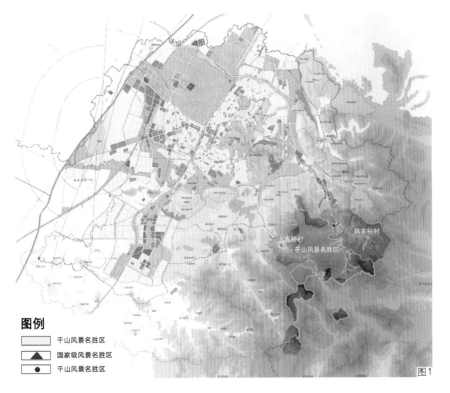

图例
　千山风景名胜区
▲　国家级风景名胜区
●　千山风景名胜区

图1

（二）完善风景区生态功能，并将有价值的景观纳入风景区范围

随着对景观环境认识的逐步提高，须将周边本身存在的重要风景资源调入风景区范围之内，与1990年版风景名胜区规划确定的范围融合，进一步提升风景名胜区的资源品质，丰富游览内容。

（三）合理配置资源，统筹旅游服务设施

规划促进风景区综合服务区与鞍山城级旅游服务基地设施一体化，进而实现风景区旅游服务基地配套服务设施的高质量、可持续发展。

（四）实现可持续发展要求

为满足生态环保与环境清洁的要求，接轨城市污水排放、垃圾处理等基础配套设施，实现风景区环境的可持续发展。

三、风景区规划

（一）风景区保护规划

全面有效地保护风景区山体景观资源，禁止任何形式的破坏性开发，维护景观完整性。严格保护风景区现有的野生动植物资源，稳定并提高林草覆盖率，保护风景区生态系统的稳定性、完整性。严格控制风景区人口规模和各类生产、建设活动，最大程度地控制人为活动对风景区自然景观资源和生态系统的影响。对风景区内宗教文化资源在保存和保护的基础上全面展示其历史文脉，对以五大禅林为代表的宗教古建筑进行科学维护、合理利用，突出其文化精华（图3～图5）。

1. 资源分级保护

根据《风景名胜区总体规划标准》GB/T 50298—2018，规划按照风景资源价值、等级大小以及保护利用程度的不同，对千山风景名胜区实行分区保护管理，划分为一级保护区、二级保护区、三级保护区（图6、表1）。

（1）一级保护区（核心景区，严格禁止建设范围）

一级保护区与核心景区范围相同，面积40.33km²。一级保护区保护的重点为文物古迹、山体地貌和植被。文物古迹的保护应包含现存古建、古迹本身及其整体的环境风貌和文化氛围；山体地貌的保护应使其处于自然状态；植被的保护不仅应包含古树名木和现有山林的保护，还应对其进行科学抚育，提高景观与生态价值。

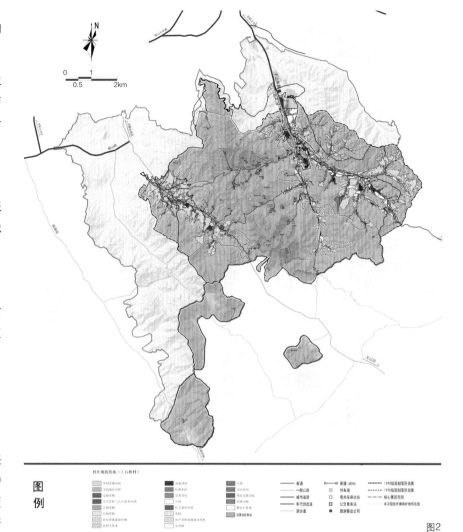

图2

图 2 千山风景名胜区综合现状图

一级保护区的保护措施：

1）只宜开展观光游览、生态旅游活动，应严格控制游客容量，区内居民点应逐步迁出。

2）严禁建设与风景保护和游赏观光无关的建筑物，已经建设的应逐步迁出。

3）严格保护区内原有地貌特征和典型景观风貌，使其处于自然状态。

4）已定级的文物保护单位的修缮等建设工程，应根据文物保护单位的级别报相应的文物行政部门批准；未定级的文物保护单位的修缮、复建等建设工程应当充分论证并报主管部门审批。

5）保持山地自然的排水溪涧系统。不开辟游览的溪涧应保持其自然状态，不进行人工干预。对于开辟为游览线路的溪涧亦应尽量保持原貌，少做工程设施，减少"人工化"倾向。严禁任何单位和个人在保护区内张网捕鱼、钓鱼、游泳。

6）总体规划批准实施后，应落实风景区保护管理的责任人，明确保护区的范围与保护责任制。

此外，一级保护区的保护措施除应符合国家有关规定外，还应根据资源的类型、特点与利用

图3 千山风景名胜区规划总图

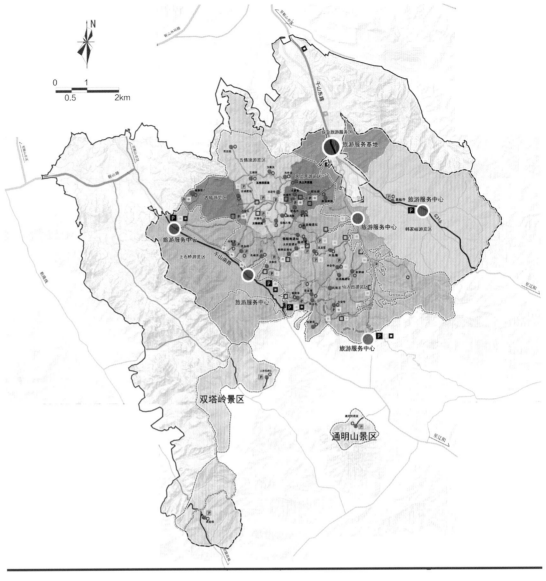

图3

形式的不同，遵从相应的分类保护规划和专项保护规划。

（2）二级保护区（严格限制建设范围）

二级保护区包含一级保护区外风景名胜区的林地及大部分园地、耕地，武圣观及周边环境（具体界线见规划图纸），面积 19.07km²。

二级保护区的保护措施：

1）不得建设与风景游赏无关的建筑，不允许安排住宿设施。区内符合要求的设施建设应符合风景区的规划要求和管理规定，并与风景名胜区风貌保持协调。对现有的违章建设制定相应的改造措施和拆除计划。

2）保护现已生长发育较好的山林植被群落，对树种单一的人工次生林采取定向抚育建群树种的

措施，植被培育应以当地植物种群为主。

3）武圣观的建设工程管理参照一级保护区内的文物古迹保护措施执行。

（3）三级保护区（限制建设范围）

三级保护区范围是在一、二级保护区以外的区域，是风景名胜区重要的设施建设区和环境背景区，面积 14.66km²。

三级保护区的保护措施：

1）严格禁止开山采石，加大保护区绿化力度，逐渐消除裸露土层。

2）游览设施和居民点建设必须严格履行风景名胜区和国土空间规划建设的审批程序，在规划指导下进行建设，控制建筑选址、体量、建设范围、规模和建筑风貌，确保建设项目与周边自然和文化

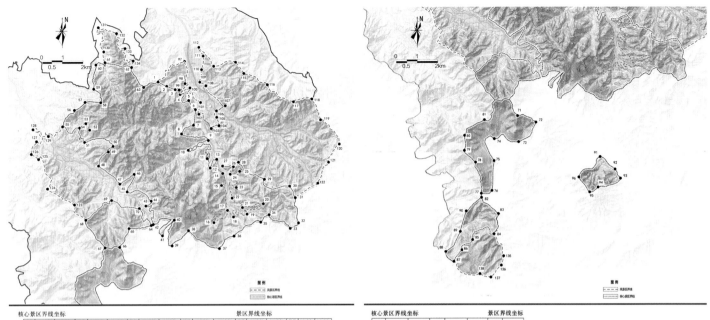

图4 千山风景名胜区及核心景区界线坐标（一）

图5 千山风景名胜区及核心景区界线坐标（二）

图6 千山风景名胜区分级保护规划图

千山风景名胜区分级保护规划表　　表1

分区类别	面积（km²）	占比（%）
一级保护区	40.33	54.46
二级保护区	19.07	25.75
三级保护区	14.66	19.79
合计	74.06	100.00

景观风貌相协调。

3）区内的村庄按照规划安排适当迁并，将人均居民建设用地控制在165m²以内，鼓励用置换出的居民点用地建设旅游服务设施，其中庙尔台村丁香峪内应按照国土空间规划协调的要求控制建设活动，严禁大拆大建。

2. 资源分类保护

（1）山体（含奇峰峭石）保护

1）风景名胜区内禁止设立任何矿点。对已经遭到采矿影响的自然山体，应及时进行生态恢复和景观改造。

2）加强对风景名胜区内外主要交通道路两侧及视线范围内山体的管理和保护，主要视觉面内禁止开山采石等任何破坏行为。对严重影响山景完整性的居民点、墓地等民用设施进行疏解，对一般居

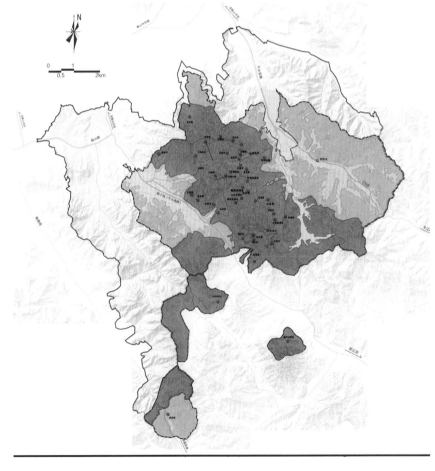

图例

■ 一级保护区　　　▦ 景区范围
▨ 二级保护区　　　▤ 外围保护地带范围
▨ 三级保护区　　　▣ 核心景区范围
● 主要景点　　　　　生态红线

图6

民点的建筑高度、规模和形式进行控制。

3）未经风景名胜区主管部门批准，任何单位和个人不得擅自开发利用山体景观资源。

4）对于有利用条件的石坑及岩崖迹地，可经艺术处理后使用其空间开展游赏活动，增加相应旅游设施，丰富游赏内容。

（2）植被保护

1）对风景名胜区内的山林植被类型、群落及斑块面积进行调查，分析研究土壤类型与地带性植被类型，并依此编制植被保护培育专项规划。

2）为维持植物生态群落的稳定，仙人台国家森林公园中心地带呈自然演进的原始状态，应实施全面的保护与保全。禁止任何形式的与资源保护及安全无关的项目及非游览观光设施的开发活动，不得建立任何与资源保护、游客安全及与游览观光无关的人工构筑物。

3）严格执行《中华人民共和国森林法》等相关法律法规，尽量减少影响森林及其他植被生长的建设活动。本着"防重于治、救"的方针，积极开展森林病虫害的生态防治和森林防火工作。

4）合理规划游览线路，控制游客容量，加强林地管理，保持植物生态系统的稳定。

5）坡度大于25°的耕地应退耕还林，禁止毁林建果园。

（3）文物古迹保护

1）根据文物保护单位的等级，按照《中华人民共和国文物保护法》有关条款进行保护。同时对没有定级的文物古迹，设定相应的暂保等级，并建议按此申报和进行保护。

2）根据文物保护单位的级别划定保护范围和建设控制地带，设立标志。

3）对文物古迹的任何改动都要按法定程序报请文物主管部门和风景名胜区建设行政主管部门审查同意。任何单位和个人不得随意拆除、改动、复建文物建筑。

4）对于从事宗教活动的寺庙场所应严格加强管理，不得以宗教活动名义破坏文物建筑的真实性和完整性。

（4）古树名木保护

1）积极开展古树申报工作

千山风景名胜区管理部门应继续开展古树普查工作，积极向鞍山市及辽宁省园林绿化行政主管部门申报，使千山百年以上古树得到确认。

2）加强古树管理工作

对千山古树按实际情况分株制定养护、管理方案，落实养护责任单位、责任人，并进行检查指

导。定期对古树的生长和管理情况进行检查，根据古树名木生长情况，对遭受病虫危害、长势衰弱、濒危的古树名木分别制定治理、复壮、抢救等具体措施，并监督实施。

3）改善古树生态环境

对于单株重点古树树池外地面采用科学的铺装方式，增加根系透气性；对一般古树应定时深耕松土，促进根系生长。

（5）植被景观培育

1）植被景观区划

自然植被景观区：将一级保护区中的植被规划为自然植被景观区。主要植被类型有油松—杜鹃林、油松—苔草林、油松—灌木林与油松—落叶阔叶混交林。该区有部分原生植被，规划进行天然恢复，作为风景区原生植物物种研究基地。

山林景观区：风景名胜区二级保护区中林地划为山林景观区。植被类型主要有油松、针阔混交林、板栗及栎树林，现状多为人工林与次生林。规划在保护原有林相及植被群落的基础上进行林相更新。

经济林景观区：风景名胜区三级保护区内山脚地带或山间台地划为经济林景观区，发展以南果梨等为主的特色水果、坚果经济林。

田园景观区：韩家峪沟谷沿S316公路两侧、丁香峪沟以及上石桥村周边区域为田园植被景观区。园地和耕地应进行精耕细作，丰富农作物的类型。村庄及旅游服务设施的绿化应突出田园、生态的风貌特色。还应注重街道、场地绿化以及墙面垂直绿化、建筑屋顶绿化。

道路绿化林区：规划在改道后的S316公路（千山东路）及鞍下线（千山南路）道路两侧建设宽度5~20m不等的风景林带。植被组成常绿落叶混交林带，林下植被可选择野花组合，形成绿树成行、野花遍地的景观。

2）典型植被景观培育

规划对象为龙泉寺梨树群、中会寺梨树群、无量观油松群和仙人台油松群。"石径梨花"是明清龙泉寺名景，中会寺为千山观梨花最具盛名之处，应严格保护这两处现存梨树群，并以现存梨树为核心，周边增加梨树数量，重现龙泉寺"梨树成行，春暖叶放，香气扑人，坠积地表，皑皑如雪"与中会寺"梨树遍谷，银花似海，冷艳清馨"的景观。无量观油松雪景被誉为千山一绝，仙人台"观松涛，听松风"为千山胜景，应严格保护无量观周边及仙人台周边油松群，在保护的基础上提升其自然景观价值。

（二）景区游赏规划

综合考虑千山风景名胜区地形地貌、风景资源集中程度等因素，规划 11 个旅游景区（图7、图8）。充分挖掘和展示千山的自然和文化景观特色，形成景观风貌与特色突出且互补的景区分区，为公众提供观光游览、休闲度假、科普教育、宗教祈福等服务功能。

四、结语

本次规划解决了千山风景名胜区现阶段管控中地块性质不明确、管理权属不清晰、景区发展受限制等问题，将千山风景名胜区发展与区域居民的生活改善、经济发展、社会进步结合起来，切实做到景观资源的充分利用。坚持科学地保护千山风景名胜区自然资源、历史文化遗产和生态系统，真实完整地展示千山壮丽的山水风景、悠久的历史文化和良好的生态环境。同时更好地参与城市发展，与城市服务融合，并为风景名胜区提供良好的旅游服务。实现国家级风景名胜区风景、环境、社会的可持续发展。

项目组情况

单位名称：辽宁省城乡建设规划设计院有限责任公司

项目负责人：李　林　董振秋　崔国宏

项目参加人：孙凌宇　黄馨慧　顾芳媛　赵明石

　　　　　　林永超　于凯君　张　宁　关宇峰

　　　　　　王子娟　高晓昭

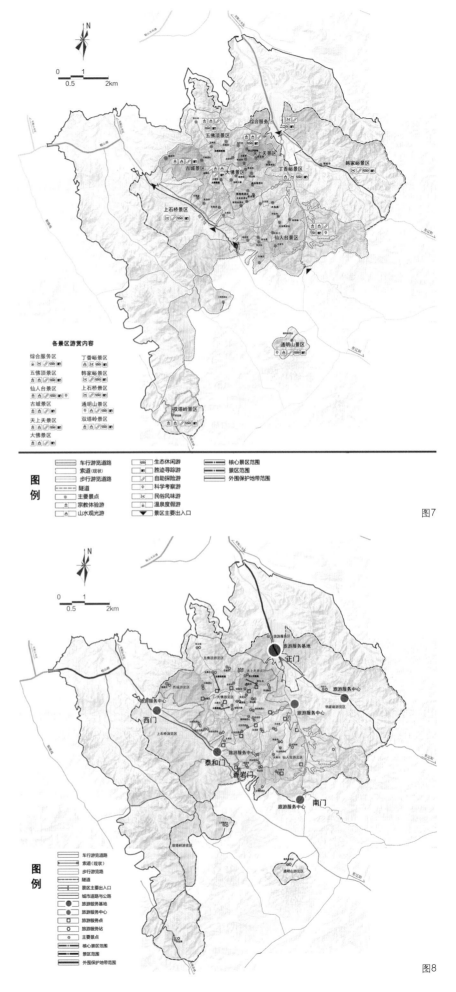

图7　千山风景名胜区风景游赏规划图
图8　千山风景名胜区游赏设施规划图

园林一词出现在汉代（公元1世纪），来自古代的游娱和畋猎苑囿，园聚如林；绿地源自古代的四旁植树和村宅园圃，有着防风避晒，表道固地和生产实用功能；园林绿地系统是由若干园林、绿地和相关要素按一定关系组成的一个整体。当代的园林绿地系统一般占城市总用地的20%~38%。

场景营城的技术探索与重庆实践

——重庆中心城区"山水之城 美丽之地"场景营城规划

中国城市规划设计研究院／王 璇 高 飞 吕 攀

摘要：本文从"人民对美好生活的向往就是我们的奋斗目标"出发，基于知识经济背景下重庆城市发展动力机制剖析，以及推动高质量发展、创造高品质生活的需求，创新提出"场景营城"的理论与框架，探索构建具有重庆特色的场景体系，明确场景的空间载体，并提出"五态协同"场景营造方法。

关键词：风景园林；山水；场景；规划

一、场景与场景营城

（一）什么是场景

1979年，挪威建筑学家诺伯格·舒尔茨在《场所精神》中对场景有所涉及，认为场景即是物化的场所精神。2002年，拉普卜特提出场景构成作为概念化环境的方式之一，将其定义为人的行为活动在空间中的瞬间印象，将人的行为纳入场景设计中。可见，场景即在场所中加入人体验的成分，场是空间，景是情感，有情感的空间就是场景。而场景理论的研究，最早可追溯到1983年以美国特里·克拉克为代表领衔的"财政紧缩与都市更新"研究项目，他们对纽约、伦敦、东京、巴黎、汉城（现首尔）、芝加哥等38个国际性大城市、1200多个北美城市进行了研究。发现影响未来城市增长发展的关键因素已由传统工业向都市休闲娱乐产业转变。并在期间发表了一系列文章、专著，如《作为娱乐机器的城市》（2004年）、《文化动力———种城市发展新思维》（2015年）、《场景——空间品质如何塑造社会生活》（2019年）等。文中依据对芝加哥等城市由工业向后工业转型发展的论证，系统地阐述了国际上首个分析城市文化、美学特征对城市发展作用的理论工具，即场景理论。

该理论认为，场景建设依附于丰富且相互关联的舒适物系统。场景的舒适物系统包括物质层面的空间要素和精神层面的氛围要素，如生态景观环境、配套设施、文化品质、服务内容、活动策划等，甚至包括场景中公众的精神状态也是构成场景氛围的重要因素。这些舒适物要素形成的特定场景

具有不同的文化价值取向和生活方式，从而吸引不同的人群前来居住、生活和工作，获得愉悦和自我价值实现的成就感，最终以人力资本的形式带动城市更新与经济发展。场景理论是对城市发展规律和动力内因的长期总结与追认，而非主动创造，具有极强的时代适应性和科学性。

（二）"新阶段、新理念、新格局"下，场景的再认识

站在"两个一百年"奋斗目标的历史交汇点，高质量发展是当前与未来城市建设工作的关键，需要探索新的城市发展方法，而深刻把握以人为核心的价值观是破题的关键。城市"场景"营造，是塑造城市高质量发展与高品质生活的重要创新思维（图1）。在我国"立足新发展阶段、贯彻新发展理念、构建新发展格局"背景下，场景营城可以定义为：以人为核心，统筹生活、生态、生产，实现城市高质量发展的全新模式。具体包括三方面的现实作用：

在生活方面，场景是满足人民群众从物质需求到精神需求再到体验需要的重要载体。随着我国经济发展水平的不断提升，根据马斯洛需求层次理论，居民的需要已经从初级产品、产品、服务逐渐过渡到对于体验的追求。体验感是提升居民在城市中生活幸福感的重要来源。而场景的整体氛围感与多要素集合性，能为居民提供丰富多彩的生活空间与愉悦体验。

在生态方面，场景是"绿水青山就是金山银山"的重要转化产品。场景集成自然与人为要素，转变为空间产品与体验享受，表现为各类自然旅游

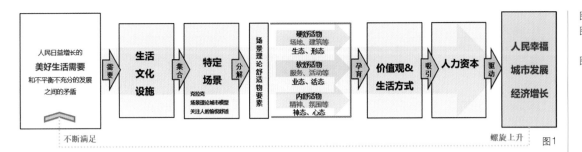

区、生态风景空间、田园综合体、农业创意产业园等形式，实现生态价值的经济转化，并协调生态与文化、消费的平衡关系。

在生产方面，场景是激发产业向产业链两端延伸，开创双循环发展新格局的重要手段。场景关注于文化、消费与创新，活跃交往的场景更能激发人们的创新思维，潮流沉浸的场景更能带动消费发展的活力，因此场景可以真正为城市的经济赋能，促使城市产业从生产环节向上端的创新研发与下端的销售运营延伸，带动整个产业链条的升级与迭代。

（三）场景营城的创新路径

场景营城是城市发展的新逻辑、新方法，是遵循国家城市工作战略调整与营城逻辑迭代的有利举措。场景规划是空间规划的落实与提升，是在空间规划对空间和资源统筹与管控的基础上，实现对人的需求的个性化满足，以此实现对新时代高质量与高品质发展的回应（图 2）。我们把这种全新的发展逻辑称之为"SOD 模式"（scenescape-oriented development），即以场景引导城市开发与更新。

SOD 模式是在 TOD、EOD 等模式的基础上，以人的需求为出发点的一种城市发展思路，主要包括思维、格局、体系、导则、机制、项目六大领域的相关内容（图 3）：

场景思维即在城市的战略、规划、开发、实施、运营全过程中融合与实践场景方法，同时关注对特色场景空间的营造，从宏观到微观一以贯之。在总体规划层面落实场景格局，在控制性详细规划层面落实场景空间，在城市设计及详细设计层面融入场景营造方法。

场景格局即依据城市自身特点，梳理自然山水、人文意境、时代发展的典型价值与生活方式，形成宏观—中观—微观的场景空间格局与整体意象。

场景体系即结合城市现状与发展诉求，形成最具代表性、引领发展的场景分类体系，将其作为城市未来场景塑造的重点方向和品牌。

场景导则即依据场景体系，分类制定不同场景的营造方法，以场景的构成要素舒适物系统为基础

加以总结提炼，构筑起城市设计基础上的"五态协同"的场景营造方法，即"生态沁人、形态宜人、业态塑人、活态聚人、神态动人"，分别对场景内的生态景观环境、空间形态基因、居业协调发展、活动氛围策划、文化内涵塑造和群体精神反馈进行预设与引导。

场景机制即根据城市发展水平与组织构建，量身定制场景实施机制、行动计划与保障措施。

场景项目即落实场景发展内容，形成近中远期场景建设项目库，识别场景发展重点地区，并重点引导近期示范项目的建设、开发与更新，保证场景建设的全面落实与有序开展。

二、重庆场景营城的时代意义

（一）场景营城是建设"山水之城、美丽之地"的重要载体

2016 年，习近平总书记在重庆主持召开推动长江经济带发展座谈会时提出，希望重庆成为山

图 2
图 3

图4

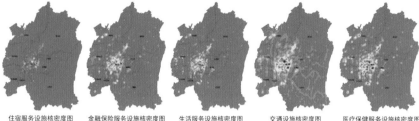

住宿服务设施核密度图　　金融保险服务设施核密度图　　生活服务设施核密度图　　交通设施核密度图　　医疗保健设施核密度图

图5

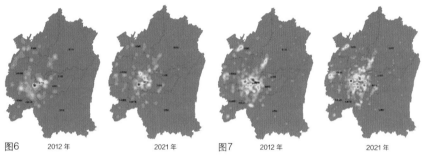

图6　2012年　　　　2021年　　图7　2012年　　　　2021年

图4　重庆市"山水之城、美丽之地"特色图景（长嘉汇）
图5　重庆市2021年中心城区各类配套设施POI分析
图6　中心城区网络科技公司企业核密度图
图7　中心城区科教文化设施核密度图

集聚、空间艺术品质提升，带动城市差异化、均衡协调发展（图5～图7）。

（三）场景营城是加快建设国际消费中心城市的内生动力

国家"十四五"规划明确，以坚持扩大内需为战略基点，把实施扩大内需战略同深化供给侧结构性改革有机结合起来。城市是扩内需补短板、增投资促消费的重要战场。场景对于消费行为有着独特的刺激和引导作用，在坚持供给侧结构性改革战略方向，提升供给体系质量的同时，聚焦打造"住业游乐购"全场景集，营造满足不同人群新需求、改善城市生活品质的消费场景，释放内需潜力，拉动消费增长，为建成高质量发展高品质生活新范例增添新动力。

三、重庆"山水之城、美丽之地"场景营城方法探索

重庆以"场景营城"的新理念、新方法，彰显山水之城、美丽之地的独特魅力。从宏观到微观践行SOD模式。具体来说，即谋划场景战略思维，策划场景品牌体系，规划场景营造方法，计划场景实施机制。

（一）构建"山水之城、美丽之地"场景体系

以"山水之城、美丽之地"定位总体宏观场景。融合美学、生态学、经济学等学科，彰显物质和精神需要、自然和人文美态的契合，体现儒家大美学观的最高境界，勾勒城市未来发展的美好画卷，展现城市整体价值观，呈现城市人本态度。

突出"一区两群"布局次区域场景。基于区位条件、资源禀赋、发展基础等因素，充分发挥主城都市区、渝东北、渝东南自身独特资源和优势条件，分别营造"魅力山水·现代都市""壮美长江·诗画三峡""万峰林海·百里画廊"的价值情境，统筹市域魅力特征，体现城市非凡气度。

顺应中心城区本底形成"六类"中场景。依托天然的"多中心、组团式"空间结构，围绕"强核提能级"目标，结合五大本底特征，落实产城融合、职住平衡要求，升华提炼形成"山水生态场景、巴渝文化场景、智慧科学场景、山城宜居场景、国际门户场景、美丽乡村场景"六类中场景，引领城市发展方向，突出城市进取风度。

围绕主题功能打造若干城市名片及微场景。策划规划长嘉汇、广阳岛、科学城、枢纽港、智慧

清水秀美丽之地。"山水之城、美丽之地"与重庆的"两点"定位、"两地""两高"目标的时代使命一脉相承，更加关注人与城市哲学、美学共鸣的高阶追求，是一种形象化、场景化、画面感的未来愿景。建设"山水之城、美丽之地"，就要坚持以人为本、道法自然，立足重庆山水资源，发挥立体优势，把好山好水好风光等自然原真之美嵌入城市场景，塑造"山—水—城—人"共融共生的都市情景，满足群众对山水重庆的依恋和美丽重庆的追求，全力彰显"天人合一"的价值追求和"知行合一"的人文境界（图4）。

（二）场景营城是落实"一区两群""五城同创"战略的有力抓手

重庆市"一区两群"空间布局优化效应持续释放，中心城区"五城同创"差异化发展格局逐步构建，主题化思维日趋明显。但通过对中心城区POI兴趣点进行现状分析，各类城市功能设施分布仍集中于历史母城周边，其他四城则偏向于某些热点地区；各类配套设施和产业发展存在明显差异。场景营造可以精细化落实"五城"功能定位，打通从宏观到微观的传导路径，在兼顾舒适、便利、生态、人文、安全基础上，促进功能优化完善、高端要素

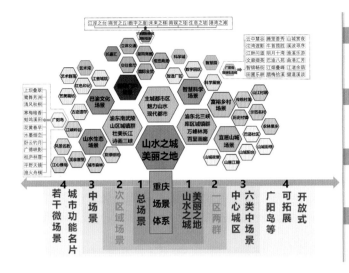

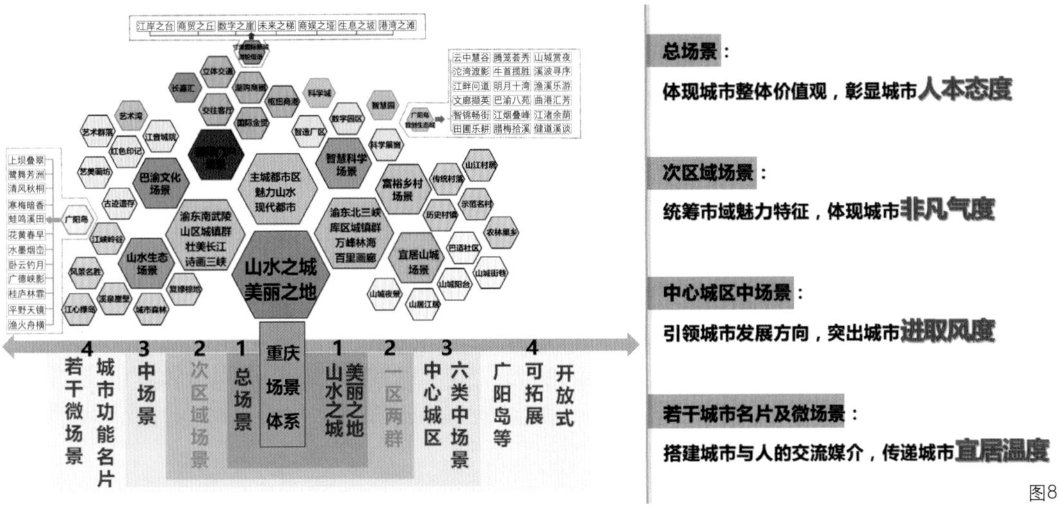

图8

园、艺术湾等代表重庆窗口形象的城市功能新名片，统筹推进交通、市政、历史文化保护等专项规划，以点带面引领带动中部历史母城、东部生态之城、西部科学之城、南部人文之城、北部智慧之城发展。同时，在中场景基础上加以细化，对建筑、路面、植被等具体空间环境进行精细化设计，形成若干近百姓、易感知、可扩展、开放式的微场景，包括江心绿岛、江湾峡谷、红色印记、艺术群落、智造厂区、科学展窗等，搭建城市与人的交流媒介，传递城市宜居温度（图8）。

（二）打造场景化片区和代表性场景

场景化片区和代表性场景是场景营城的空间产品和建设对象，它们以人的感知尺度为出发点加以构建。

场景化片区。聚焦步行10～15分钟，面积1～5km^{2}的空间规模，由政府主导开发建设，兼具综合服务功能，使人形成地域认同感与价值观，发挥激发创新、引领消费的作用。如6km^{2}的广阳岛、5km^2（不含水面）的长嘉汇等，均是城市“此心安处是吾乡”的特色片区，起到“画龙点睛”的作用。

代表性场景。聚焦步行3～5分钟、面积5～30hm^{2}的空间规模，围绕某一主题形成服务体验，使人能准确识别建筑及场地的形态，甚至感知场地内人群的情绪氛围，发挥文化传递与公共交往的作用。包括塑造形态记忆、激发文化交往的市场化开发片区或项目，如来福士、大剧院等，均是城市“众里寻他千百度”的记忆点或地标，起到“刻骨铭心”的作用（图9、图10）。

目前，重庆市在场景营城的总体思维指引下，在各类规划建设中落实场景化片区和代表性场景的建设。例如在寸滩国际新城游轮母港场景化片区内规划形成“江岸之台”等七大代表性场景，在广阳岛场景化片区内规划建设形成“鹭舞芳洲”等十二大代表性场景，在广阳岛智创生态城场景片区规划形成“牛首揽胜”等十八大代表性场景（图11～图15）。

（三）采用“五态协同”场景营造策略

在生态方面，深学笃用生态文明思想，尊重自然、顺应自然、保护自然，因地制宜对场景化地区构建不同的生态格局，实现生态环境与人的交互共鸣。

图9

图10

图8　场景构建分类体系

图9　建构SOD场景空间布局，以热点地区引导城市更新与开发

图10　注重人可感知的空间尺度，形成“场景化片区”与“代表性场景”

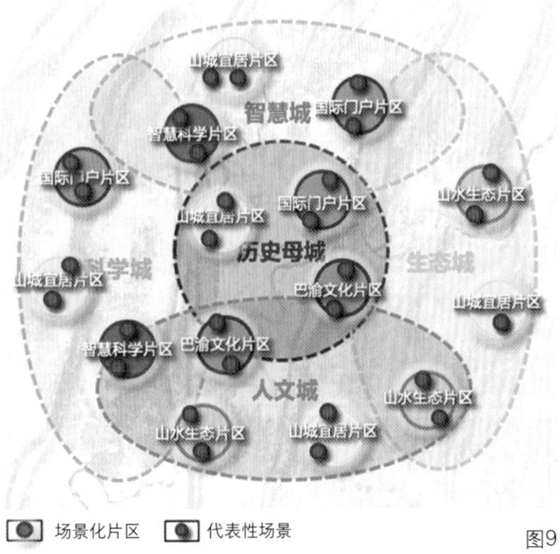

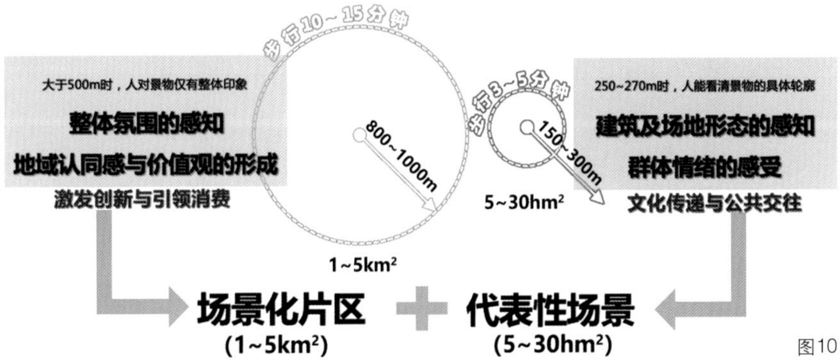

图11

图12

图13

图14

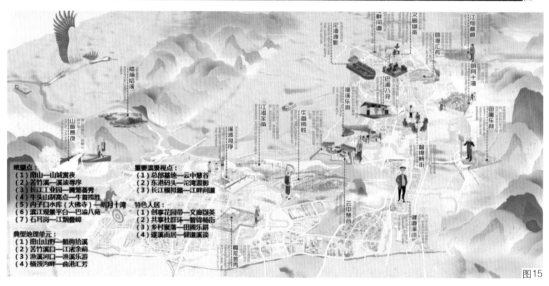

图15

在形态方面，注重山水形态的远近变化及层次感、水平空间的变换与过渡，以及垂直空间的立体视觉及体验，形成步移景异的动态变化，彰显山水城市优美形态。

在业态方面，注重体现便捷舒适的生活业态与促进人全面发展、实现个人价值的产业环境，通过业态混合、产学研结合、产供销一体，丰富提升市民游客的生活、消费和文化体验。

在活态方面，开展市场化的合作运营及大事件、品牌化的传播塑造，打造有利于创新人才吸引、创新资源要素集聚的空间布局、功能配套和舒适环境，增强城市发展活力。

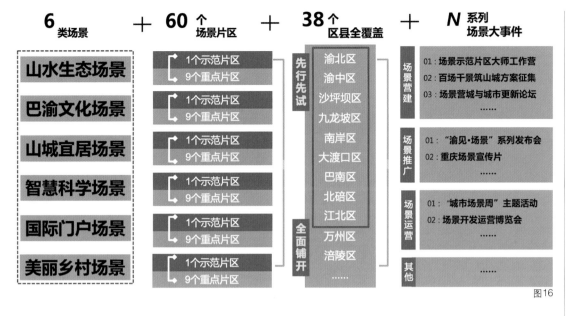

图 16　建立"6+60+38+N"的
"场景营城"实施路径

图16

在神态方面，注重城市文化总体策划，加快完善文化产业和文化事业，体现城市文化的多维浸润与展示，丰富市民精神文化生活，增强城市文化软实力，提升城市颜值与气质。

回归以人民为中心的出发点与落脚点，不断提高人民群众的获得感、幸福感、安全感，培育人民群众发现美好、感受幸福的心态。

(四) 深化形成场景营造实施路径

形成承上启下的工作框架。将场景内容纳入城市提升行动、城市更新行动等工作当中，统一共识、统一行动。同时，将场景规划内容及成果纳入各区县国土空间规划，选择开展定制化的场景示范片区与代表性场景规划设计，实现先由中心城区再到各区县的场景建设"全覆盖"。

策划开展场景营城主题活动。宣传推广场景营城创新理念，推动"场景示范片区大师工作营""百场千景筑山城方案征集""城市场景周"等活动，编制通俗易懂、实用有效的场景手册，分类开展最美场景等评选活动，为场景营城工作营造良好氛围。

建立"6+60+38+N"的实施路径，先行建立中心城区各区 (管委会) 任务清单。围绕中心城区"六类"中场景，结合发展时序需要，先行提出第一批场景化片区规划建设任务，重点锻造城市功能长板、补齐短板，以快速形成示范效果 (图 16)。

四、结语

在城市规划初期，控制性详细规划以指标化的地块控制为主，"见物不见人"。随着人们对物质需求的满足，城市设计成为区域开发的主要规划方法，通过城市设计进行系统化的组织协调，做到了"见物见人"。但当前人们对精神需要的进一步追求，城市设计已难以满足个体的感知与体验，而"场景营城"是基于氛围化的要素融合，以人的视角实现"见情见心"。

场景营城可以起到高于城市设计的作用，用来指导新时代的规划设计。场景满足人由"物质需求"向"精神需求"的进阶，实现"聚集人"，还可以带动消费、创新、文化、美学的融合发展。"场景"思维适合新旧动能转换下的中国，其模式可以成为高质量发展、高品质生活的落实手段和新阶段城市建设的新方法。

重庆以"场景营城"为抓手，筑场供景、铸情凝魂，传导美好生活的温度，寻找体现"山水之城、美丽之地"特色的契合点和共振点，创造有情感、有厚度、有意蕴的城市空间，努力实现"行千里、致广大"的价值定位和"山水之城、美丽之地"的目标定位。重庆中心城区目前几乎所有的规划工作都在围绕场景营城的要求展开，同时规划中谋划、策划的场景也都纳入了重庆场景营城规划体系。此外，若干重大建筑项目也即将按照场景的思维规划形成有吸引力的场景，从而吸引更多的人来此聚集和交流，场景营城已逐渐成为更好地适应高质量发展新阶段、高品质生活新目标、空间治理能力现代化新要求的城市发展重要方法。

项目组情况

单位名称：中国城市规划设计研究院

项目负责人：王　璇　高　飞　吕　攀

项目参加人：束晨阳　单亚雷　郗凯玥

大都市城乡接合部郊野公园布局优化及选址研究

——以北京市二道绿化隔离地区郊野公园环布局规划为例

北京景观园林设计有限公司／葛书红　邢至怡

摘要：本文从城市空间布局、生态安全格局、休闲游憩需求、资源挖潜整合、文化传承保护、景观风貌塑造等多重角度，在不同实施层面科学研究北京市第二道绿化隔离地区郊野公园环的空间结构、规模体系、功能类型、目标任务，提出郊野公园布局优化及选址的策略和方法，为落实上位规划、衔接相关规划、支撑配套政策提供研究，并为大都市城乡接合部郊野公园布局规划和实施等方面提供参考。

关键词：北京市第二道绿化隔离地区；郊野公园；布局选址

引言

大都市城乡接合部是城市发展和空间布局优化的重要区域和实施载体，在快速城镇化的过程中面临着用地矛盾突出、基础设施落后、绿色空间蚕食、产业缺乏引导、利益主体诉求多元等问题。党的十九大以来，国家把生态文明建设摆在了前所未有的突出地位，广大人民休闲游憩需求不断提升。在此背景下，如何确定城乡接合部绿色空间的功能、形态、规模，充分发挥其综合效益，满足人民群众休闲游憩需求，优化城市生态格局，塑造展示城市景观风貌，推动城乡融合，促进城乡接合部高质量发展是亟待解决的问题。

北京新总规提出了构建"一屏、三环、五河、九楔"的市域绿色空间结构。"三环"即第一道绿化隔离地区——城市公园环、第二道绿化隔离地区——郊野公园环、环首都森林湿地公园环。为贯彻落实城市总规对市域绿色空间体系、游憩体系、减量提质增绿的发展要求，建立新时期第二道绿化隔离地区（以下简称"二绿地区"）服务保障首都发展和强化首都生态安全韧性的新格局，开展二绿地区郊野公园环布局规划研究具有重要意义。

一、二绿地区概况

（一）北京市"绿隔"发展概况

"绿隔"即北京市绿化隔离地区，借鉴伦敦绿带

(green belt) 的政策与实践，规划的初衷是按照"分散集团式"的城市结构，在中心城区外以两道绿化带隔离近郊边缘集团和外围卫星镇两个圈层，作为控制城市空间扩张的生态屏障，并提供休闲游憩场所。

1958 年北京总规首次提出"绿化隔离带"建设理念；1993 年版北京总规首次提出建设二绿地区；2003 年二绿地区规划获批，确定了"九楔五限"的绿色空间总体结构，并正式启动建设；2016 年版北京总规确定绿化隔离地区目标定位，进一步强调二绿地区作为城市战略性绿色空间的重要作用。然而，二绿地区长期以来缺少政策支撑与规划引导，实施动力不足，存在复杂多元的治理问题，使规划研究在各个层面均面临较大难度和挑战。

（二）二绿地区区位

北京市城乡接合部主要指四环路至六环路范围规划集中建设区以外的地区，包括第一道绿化隔离地区（以下简称"一绿地区"）和二绿地区，总面积约 1220km²。一绿地区面积 310km²，位于四环路至五环路之间，二绿地区面积 910km²，位于五环路与六环路之间，范围为一绿地区外界至六环路外侧 1000m。二绿地区涉及朝阳、海淀、丰台、石景山、门头沟、房山、通州、顺义、昌平、大兴 10 个区以及经济开发区。

（三）二绿地区研究范围

项目以二绿地区 910km² 为重点研究范围，为

保证政策覆盖的完整性，将二绿地区所涉乡镇、街道的行政区划范围全部纳入，总面积约 2700km²，涉及 10 个区 70 个乡镇、街道。

二、资源盘点与现状剖析

（一）生态格局分析

二绿地区用地类型多样，林地、农田、水域等自然资源共同构成了良好的生态基础（图 1）。林地为绿色空间的基本骨架，近年来平原造林工程提升了二绿地区绿色空间总量，但整体上林地斑块较为分散、破碎度高、骨架结构不够清晰；永定河、温榆河—北运河、潮白河等河流生态廊道部分区段仍缺乏有效保护和利用，蓝绿空间融合有待提升（图 2）；广泛分布的农田已形成具有不同特色风貌的农田景观。二绿地区地形丰富（图 3），西北高、东南低，山地层次鲜明，平原区地势平坦，山形水系共同奠定了良好的山水格局基础。

（二）游憩条件分析

二绿地区已建成东郊森林公园、南海子公园、西山国家森林公园等大型游憩绿地（图 4），现有公园已达 40 余处（图 5），但仍存在空间分布不均衡、与居住用地结合不足、无法充分满足居民日常游憩休闲需求、未形成完善的游憩体系等问题，游憩空间总量及建设品质仍有待提升。已建成的温榆河绿道等市级绿道，构成了重要的线性绿色游憩空间，但仍未实现郊野公园环绿道全线贯通。

（三）文化景观风貌分析

二绿地区文化底蕴深厚，历史文化资源主要集中于西部西山永定河文化带及东部大运河文化带。研究范围内共有国家级文物保护单位 14 处，市级文物保护单位 31 处（图 6），形成了具有北京特色的古都文化、红色文化、京味文化、创新文化等文化线（图 7），但其丰富的自然资源与人文资源的

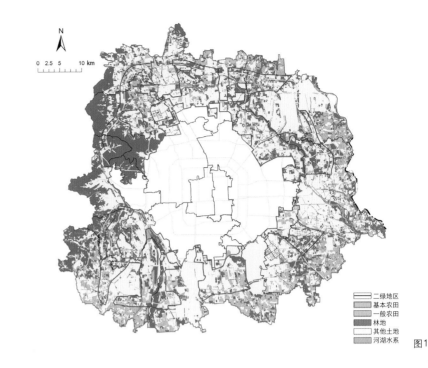

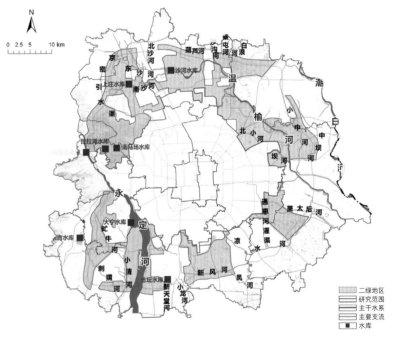

图 1　研究范围绿色空间用地类型分布图
图 2　研究范围现状水系分布图
图 3　研究范围地形分析示意图

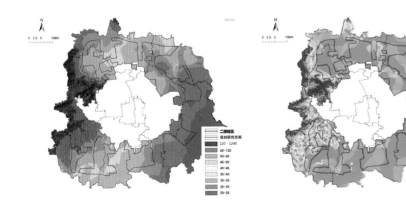

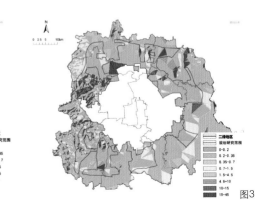

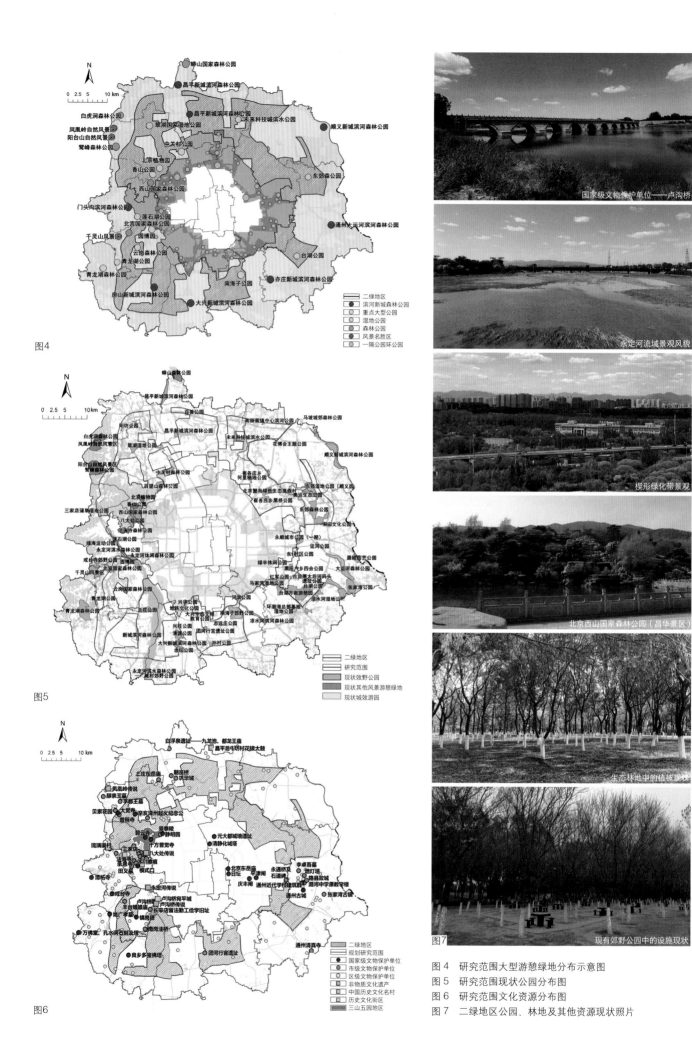

图4

图5

图6

图7

图4 研究范围大型游憩绿地分布示意图
图5 研究范围现状公园分布图
图6 研究范围文化资源分布图
图7 二绿地区公园、林地及其他资源现状照片

保护利用结合方式仍有待完善。二绿地区地形地貌特征多元、自然资源要素丰富、新城聚集，有利于展示自然山水田园景观风貌、塑造城市魅力。

三、目标定位与规划策略

（一）目标定位

为落实深化新总规对"郊野公园环"的功能定位，保障二绿地区绿色空间比重，形成以郊野公园和生态农业为主的环状绿化带，确定北京市第二道绿化隔离地区郊野公园环的战略定位为：稳定高效的环城生态缓冲带、多元共享的都市休闲游憩环、城乡融合的京郊绿色发展圈。

（二）规划策略

1. 总规引领、多规统筹、要素融合、差异发展

落实城市总规、绿规目标定位，衔接协调各分区规划及两轮百万亩平原造林等规划，统筹、深化、细化第二道绿化隔离地区郊野公园环布局规划，落实绿色空间和郊野游憩活动空间。

整合林地、河湖水系、农田、遗址古迹、旅游文化设施等各类资源要素，尊重自然风貌和资源本底价值，挖掘潜力，实现自然资源和人文资源的有效利用和保护。结合各区自然资源禀赋差异和不同的发展目标，发挥区位优势，突出特色、典型示范，分区差异化发展与跨区统筹相结合。

2. 优化城市生态格局，构建生态安全网络

通过大型斑块建设、小型斑块聚合、楔廊点线布局、斑块连接保障，综合现状评估，严格控制边界，充分考虑绿色空间及生态系统的完整性和联通度，构建生态网络体系。综合评估场地保护利用的生态敏感性和适宜性，针对研究范围内的重要生境，以大型自然植被斑块作为核心保护区，对接规划需求，调整落实周边减量发展地块，明确绿色空间增量，形成大尺度生态斑块，充分发挥生态节点功能。对重要的河流生境廊道，落实绿廊规划宽度，结合两侧林地提升及拆建转绿提高连通度，充分保留现状河滩地，发挥流域生态保护功能，塑造蓝绿共融、林水相依的生态廊道。整合小型自然斑块，统筹保护利用，营造各类适宜生境，成为生态跳板及"踏脚石"。

3. 基于需求级配均好，构建绿色游憩体系

生态保护和游憩需求并重，以自然和人为服务对象，从人与动植物对郊野公园的需求出发，维护生物多样性。兼顾城乡居民自然郊野游憩、日常休闲游憩、专业特色游憩等分层级、分类型的游憩需求，充分满足中心城区、新城及周边城镇居民的差异化需求，分级评估公园服务半径，构建大小级配合理、分布均好、点线面结合的网络化休闲游憩体系。构建生态公园、城市公园、绿廊绿道、绿色服务产业相结合的二绿地区郊野公园环休闲游憩体系。

4. 传承文化、彰显风貌、城乡融合、绿色服务

支撑构建历史文化名城保护体系，塑造具有源远流长的古都文化、丰富厚重的红色文化、特色鲜明的京味儿文化、蓬勃兴起的创新文化等多元文化的景观，支撑构建市域"绿水青山，两轴十片多点"的城市风貌景观格局，彰显城市特色，体现首都风范、古都风韵、时代风貌。

兼顾城乡发展需求，将改善城乡接合部环境面貌、保障农民生产生活需求、提高农民生活品质作为重要考虑因素，保留乡村风貌，打造美好田园。助力乡村振兴，发展休闲农业、生态农业、特色民俗等现代农业新兴业态，使乡村田园和郊野空间成为农民安居乐业并提供多元绿色服务、绿色消费的空间载体。

四、空间结构与功能引导

规划形成"一环两带，九楔九核，多廊多园"的空间结构（图8），以生态、游憩为主导功能，统筹生态保育、游憩体验、风貌塑造、文化传承、产业优化等功能，构建郊野公园环体系，引领二绿地区多元化城乡融合发展。

图8 北京市二绿地区郊野公园环空间结构示意图

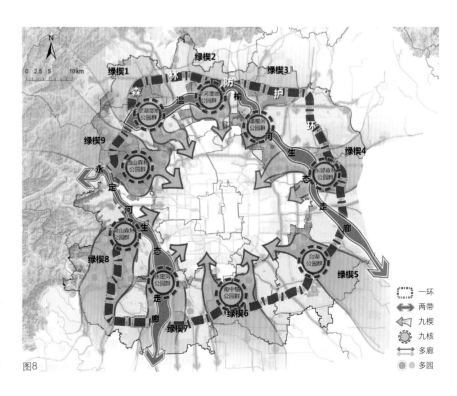

图8

图9　郊野公园环游憩休闲及生
　　　态保障体系结构示意图

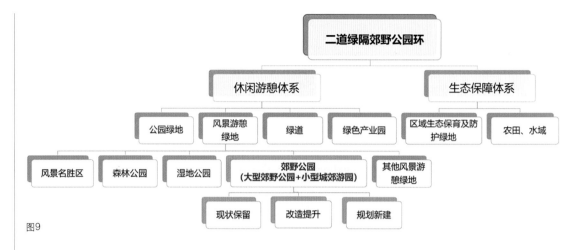

图9

"一环"指沿六环路形成的生态景观特色森林防护环。"两带"指沿温榆河及永定河形成的生态走廊，提高绿色空间占比，发挥流域重要的生态保护、城市通风及景观游憩功能，体现大河风光，营造森林湿地景观。"九楔"指联系中心城区与城市外围绿色空间的九大楔形生态廊道，保障城市气流和生物流通畅，防止新城之间连片发展，展现首都大尺度森林生态景观风貌。"九核"指九楔内锚固生态格局、提供游憩服务、塑造风貌格局的九处大型结构性郊野公园或郊野公园群。"多廊"为沿交通干道、河道形成的多条网状生态绿廊和郊野慢行廊道。"多园"指均好布局、多层次、多类型的公园体系及绿色游憩体系。

五、体系构建与布局选址

（一）游憩休闲及生态保障体系构建

在郊野公园环游憩、生态两大体系中，按照规划选址、管控要求、纳入体系三种不同情况分别制定规划对策和深度要求：规划确定新建郊野公园布局选址、类型和规模体系；对城郊游园和连通性绿廊绿道进行总体布局规划；对区域生态保育及防护绿地、农田水域、绿色产业园提出规划控制要求；将现状及规划城市公园、其他自然公园纳入游憩休闲体系中进行统一布局（图9）。

（二）郊野公园子系统及分层供给体系要求

1. 郊野公园子系统

以大型郊野公园为主体，以小型城郊游园为补充，以连通性绿廊、绿道为串联，纳入城郊游园和绿廊绿道体系，形成城乡间隔、大小结合、点网均布的二绿地区郊野公园子系统。与现有城市公园、风景游憩绿地中的其他自然公园、具有绿色消费和绿色服务功能的绿色产业园共同构成二绿地区游憩

休闲体系，与各类生态林地、农田、水域构成以郊野游憩休闲、生态保育两大功能为主，多元共享、绿色服务的郊野公园环。

城郊游园，对应城市建设用地中公园绿地的游园（G14）。二绿地区城郊游园作为大型郊野公园的补充，位于城市建设用地以外，毗邻城乡居住用地，规模相对较小，具有必要的活动场地、配套设施和功能分区，主要满足游园周边城乡居民的日常休闲游憩和健身需求。

2. 分层供给体系要求及布局策略

构建二绿地区日常休闲游憩和郊野休闲游憩分层供给体系（G1+EG1），满足不同区域、不同人群的不同游憩需求，提高游憩绿地的供给体系质量和针对性，基于分类分层需求制定差异化的布局策略。

（三）布局选址

1. 郊野公园布局选址考虑因素

综合分析大型结构性郊野公园、郊野公园、城郊游园、绿廊绿道的选址基础条件，从布局的均衡性、体系的完整性、用地的适宜性、实施的可行性综合筛选影响公园选址的基本要素，作为重点布局区域划定和公园选址的依据（图10）。

2. 规划总体布局

规划新增郊野公园53处，研究范围内郊野公园总量达到100处以上，总面积约340km²，形成郊野公园选址总体布局（图11），并制定分期实施任务。规划建设温榆河公园群、台湖公园群、南中轴公园群等九大公园群，将成为首都公园游憩体系的重要组成。

六、结语

在新时代城市发展和生态文明建设的背景下，开展北京市第二道绿化隔离地区郊野公园环布局规

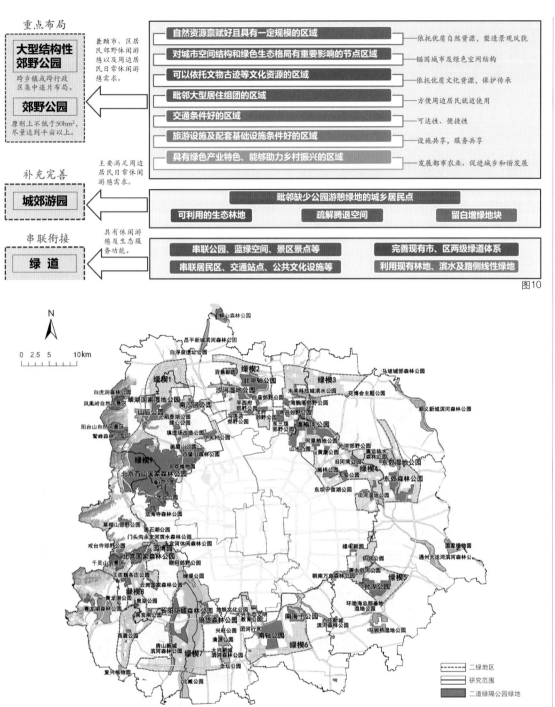

图 10 "二绿地区"郊野公园布局
选址考虑因素示意图
图 11 规划郊野公园布局总平面图

图10

图11

划研究，对保障首都发展和强化首都生态安全新格局具有非常重要的意义。本规划系统分析二绿地区资源禀赋和现状条件，从生态安全格局、资源挖潜整合、休闲游憩需求、文化保护传承、景观风貌塑造、城乡融合共享等角度提出规划策略，明确郊野公园环战略定位、发展目标、空间结构及功能承载，构建全域休闲游憩体系、郊野休闲游憩和日常休闲游憩分层供给体系，并提出郊野公园子系统和城郊游园的概念。在此基础上，本项目综合筛选影响公园选址的基本要素，明确郊野公园布局选址方法，具有较强的操作性，为促进二绿地区高质量发

展、相关规划编制、示范项目建设实施、配套政策制定奠定了扎实良好的工作基础，也对其他大都市城乡接合部郊野公园的布局选址提供了借鉴和参考。

项目组情况

单位名称：北京景观园林设计有限公司
　　　　　北京意境园林设计有限公司

项目负责人：葛书红

项目参加人：葛书红　吴忆明　邢至怡　张晓佳
　　　　　　高梦雪　李方正　牛　琳　王伟菡
　　　　　　刘晓星　李皓然

复合管控下的有机更新
——上海市嘉定新城"绿环"概念规划

同济大学／金云峰　蔡　萌

摘要："十四五"规划强调了城市更新的重要意义，绿地系统的有机更新是上海新城实施整治行动的重要环节。本规划通过对嘉定新城绿环的管控分析，形成整体规划理念与目标定位，并从生态保育、建设生产和游憩服务角度进行要素管控，最后选取典型区段和重要节点进行详细设计，从宏观、中观到微观尺度逐级实现复合管控下的城市有机更新。

关键词：国土空间；空间管控；有机更新；绿环；嘉定新城

一、项目概况

嘉定新城等五大新城是上海未来发展新的战略支点，是高起点、高标准建设的独立综合性节点城市。嘉定新城绿环将依托上海市级生态走廊、嘉定环城区级生态走廊、近郊绿环、生态间隔带等重点建设，与新城内"双十字加环"的蓝绿体系共同构建新城绿色生态骨架。本规划嘉定新城绿环总面积1683.99hm²，涉及永久基本农田1066.87hm²、部管储备地块30.60hm²、市管储备地块586.52hm²。

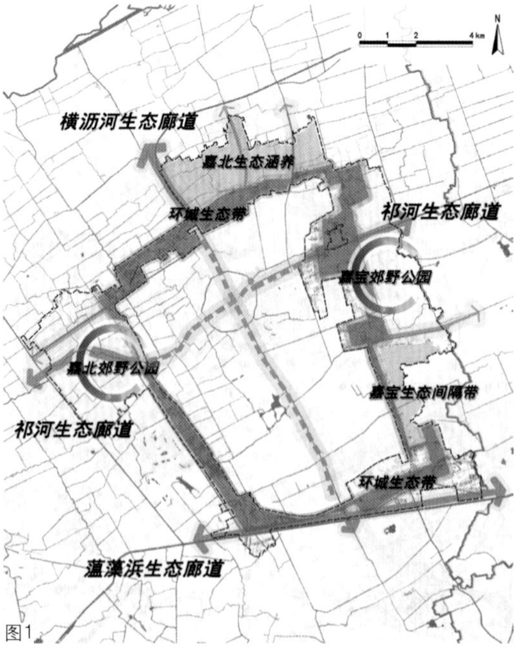

图 1　上海市嘉定新城绿环总体规划结构

二、技术要点与规划思路

（一）背景与思路

嘉定新城绿环作为复杂的城市特殊功能区，存在土地用地性质多样、功能复合、土地权属复杂等问题。本规划从国土空间用途"一张图"治理视角，对绿环的管控进行分析，明确绿环的发展目标定位与管控原则，并从生态服务、功能调适、要素配置等角度对管控路径与管控要素进行规划，最后在遵循分区管控要求的基础上，选取典型区段和重要节点进行详细设计，示范性表达从规划管控到规划设计的传导路径。本规划旨在探索"绿环类"的复杂工程项目如何从宏观、中观到微观尺度层层落实绿环在城市综合发展中的定位要求，针对性提出嘉定新城绿环的有机更新实施路径与策略。

在整体结构上，构建"一环、三廊、两节点"、多层次、成网络、功能复合的格局。"一环"限定结构中心，防止城区蔓延；"三廊"构建连通城区的生态骨架；"两节点"为郊野特色的核心生态功能区。环城绿带能够强化嘉定城区与绿环外部的生态边界，限制城区的无限扩张，提供连续的生态休闲场所。"三廊"基于祁河、横沥河、蕰藻浜构建生态廊道，依托水系进行生态修复，加强绿环向城区的服务渗透。东西向以嘉北郊野公园与嘉宝郊野公园为核心打造两处重要节点，作为重点生态斑块连通环形游憩绿道，并承担区域内的生态系统服务功能（图1）。

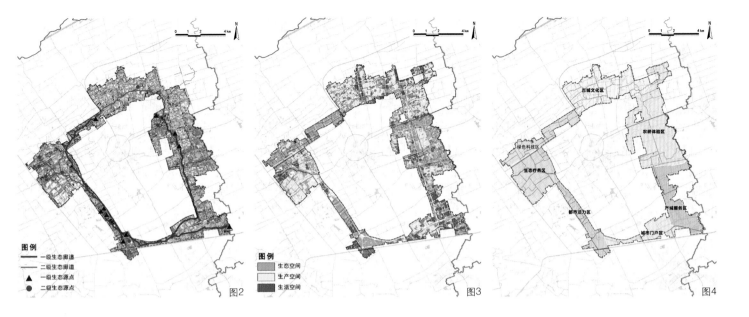

图例
━ 一级生态廊道
━ 二级生态廊道
▲ 一级生态源点
● 二级生态源点
图2

图例
生态空间
生产空间
生活空间
图3

图4

（二）生态空间基底评价

规划区以总体生态敏感性评价为基础，识别自然基底较好、景观连接度及整合度较高的林地，参考基地本底现状，划分出一级与二级生态源地，并选取坡度、坡向、高程、道路缓冲区、水系缓冲区、基本农田、林地、归一化植被指数作为单项因子，综合评价基底生态敏感性并构建阻力面。最后依据嘉定新城绿环现状进行生态网络优化，强调环形连续的廊道基底，利用自然林地与河流农田，同时联络交通干线，通过梳理、修复、补充构建蓝绿耦合、用地复合、空间联通的绿环生态格局（图2）。

"三区三线"是实现复合用地下国土空间功能管控的前置条件。本规划综合了资源环境承载力和开发适宜性评价结果，分析各类用地的复合状态和主导功能，挖掘绿环内各类空间潜力和发展规模，为制定针对绿环的管控措施提供基础（图3）。

（二）多元空间应用提升

以建设用地减量化为原则，依据《上海市嘉定区总体规划暨土地利用总体规划（2017—2035）》的"一核、一枢纽、两轴、四片区"结构，探索片区差异化的发展策略，注重加强绿环的城市多元服务功能。结合上位规划目标、周边开发情况、基底用地性质等，划分出7个重点分区。生态疗养区以生态体育休闲为规划主导，倡导绿色健康活动；都市活力区依托龚家浜和环城绿带，重点打造公共活力体验带；城市门户区位于核心发展轴与绿环交汇处，打造新城文化及入城风貌；产城服务区面向嘉定核心发展区，打造以产城融合为特色的商务区；绿色科技区位于北部科技创新区，打造环城智

慧森林，促进智慧生态体验；农耕体验区结合保护村风貌建设和马陆葡萄园，形成特色田野露营地；古城文化区结合古城历史和乡村景观，策划休闲访学等人文活动（图4）。

三、规划探索

（一）实现复杂用地性质下的有机更新

绿地类规划一般多关注功能概念、创意策划、空间形态角度。而本规划综合考虑了绿环内的复合用地性质与实际功能，侧重绿环内部"三生"空间的协同分析，并依据上位规划，实现绿环内各类用地的更新与调适，从规划管控视角进行"一张图"下的空间治理，最终实现绿环这一新城特殊区段的有机更新（图5）。

生态保护红线内的用地，对于分布在保护区北部与西南部的绕城森林区域一般禁止进行基础设施建设、城乡建设、工业发展及布局公共服务设施。红线外的一般性管控生态区，主要分布在嘉定新城绿环东侧大裕村一带，严禁开展与生态功能冲突的开发建设活动，同时引导与生态保护有冲突的开发建设活动，如食品加工厂等，逐步退出或搬迁，以恢复原有生态功能。永久基本农田区域主要位于青冈村、陈周村、赵厅村和大石皮村一带，对农业空间实行严格管控，禁止建设基础设施与发展工商业，确保农用地数量不减少、用途不改变，非永久基本农田区域主要位于绿环北部泾河村一带及东部大裕村局部，对占用耕地行为实施补偿制度，严控耕地大量转为非耕地。

对建设用地实施严格分类管控。城镇开发边界内的建设用地主要位于绿环西部外冈村和西南部

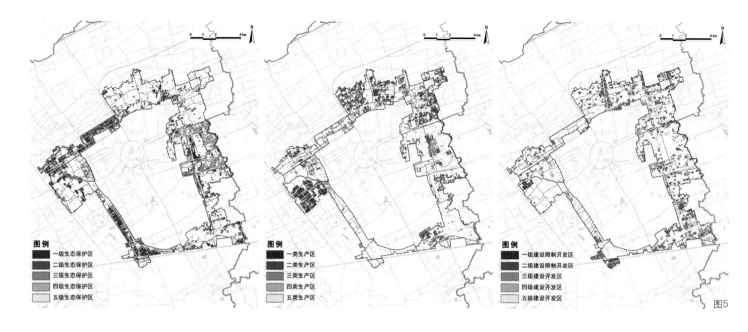

图5

图5 上海市嘉定新城绿环三生空间适宜性评价

图6 上海市嘉定新城绿环管控分区

大裕村一带，此区域内严控建设开发强度和用地效率，避免城镇建设无序扩张。城镇预留区主要分布于大石皮村、小庙村、北管村和李家村局部地带，区域内原则上按照现状用地类型进行管控，不得新建、扩建城乡居民点，未来以工业用地为主导，结合嘉定特色乡村产业和汽车产业，在绿环内部发展低能耗的绿色经济（图6）。

（二）多层面构建绿环管控体系

1. 生态保育

基于"一环、三廊、两节点"结构，水系方面强化主水路结合支线水路的河流系统，支线水路包含原生水系、保护水系构成的生态用水，城市水系、公园水道构成的生活用水，灌溉用水、工业用水构成的生产用水。水系布局上以分级生态保护为治理策略，结合分区功能定位形成特色嘉定水网风貌。在育林提升与廊道建设方面，侧重生产林地选址和网络连通优化，对林地进行相应指标调整，重点在北部、嘉北郊野公园和支系河流廊道侧增加林地面积，利用绿环重点斑块及河流廊道打通生态网络。在低生态阻力区以林地增强绿色廊道功能，提高整体规划结构中"三廊"的连通度；在高敏感性地区，适度增加生产林地，临近工业区增加防护林地。发展生态农业、创新农业，在保护农田的基础上进行相应指标调整，其中永久基本农田用地保持不变，以农业用地为主体新增少量其他类型用地。多维发展"农业＋新型产业"，如"农业＋科技"的智慧农园，"农业＋渔业"的循环共生，"农业＋林业"的复合生产，"农业＋工业"的数字产业，"农业＋生态"的自然保育等，并充分利用水网、农田和绿环的交错关系，形成特色农产与郊野休闲主导的蓝绿复合体系（图7）。

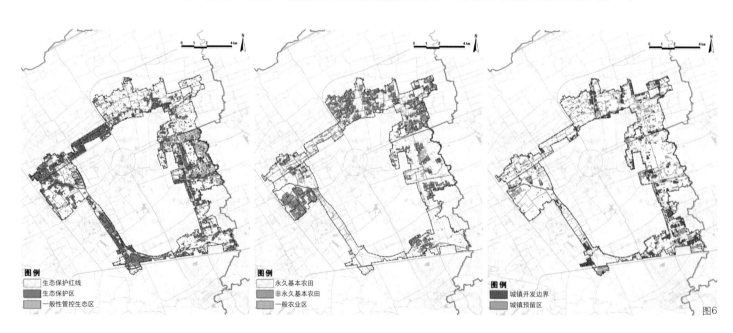

图6

2. 建设生产

充分考虑绿环内外功能的协调，休闲游憩层面结合上位规划中的公园及绿道体系规划，在绿环内形成高品质分级管理的绿道体系。交通方面，强调尊重现有路网肌理，优化疏导城区道路网络，补充完善城市支路，加强慢行交通，提高内部主要节点的可达性。结合城区的十字加环的绿道结构，串联绿环各分区内的重点项目，建设特色驿站服务区，形成激活城区休闲活动并向绿环外部延伸的分级绿道游憩体系（图8）。

村庄治理层面，根据各村庄规模、发展、迁转情况进行分类整治，集中资源拓展乡村发展潜能。其中一类迁出村庄为生态敏感性极高且发展状况欠佳的区域，对其进行强制搬迁；二类迁出村庄为生态敏感性较高且村庄规模较小、建设用地较为分散的区域，逐步引导村民搬迁；控制建设村庄为生态敏感性较高但村庄现状规模较大的区域，该类村庄不允许扩建，严格实行生态保护措施和用地整治（图9）。

科教文化层面，注重风貌引导和文脉延续，形成体现嘉定人文历史的景观风貌，同时面向高科技新城发展进行产业升级。根据绿环现状及概念分区，结合嘉定传统民俗文化，将绿环划分为7个分区进行建设风貌管控。产业提升层面响应嘉定的科技创新目标进行产业能级提升，绿环内加快农业生态低碳化，推进制造业转型升级，制定土地政策优先支持部分传统产业的示范性转型升级。在保障村庄农业生产的条件下发展第三产业，如乡村旅游、康体疗养、文化创意等产业，拓展乡村发展潜能。

3. 游憩服务

嘉定新城绿环作为承载公共休闲需求的重要

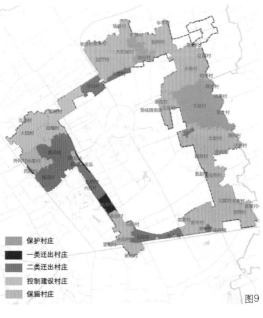

图7

潜力空间，应服务于周边居民的日常生活，融入城市生活圈，以增强新城居民的生态自然体验。规划以容量估算为游憩需求评价的基础，基于区域POI数据确定游人活动热力范围，并依据《公园设计规范》GB 51192—2021确定游憩供给规模，预估游人容量和需求度，最终划定5处综合公园与2处社区级公园，分别定位于区级休闲服务和社区级居民服务（图10），并在游线内重点打造郊野公园和休闲古镇。根据周边居民点数量及内部村庄规模对基础设施进行再分配，补充绿环周边休闲娱乐、艺术文化、餐饮住宿、停车、医疗、商业、公厕等服务设施。增加趣味游线策划，根据规划游憩节点的主要服务功能、服务半径及绿环周边用地性质，分析绿环主要服务对象及游憩目的，策划以家庭为单位的亲子游、以休闲健身为主的绕城骑行游以及为通勤人群提供的周末休闲游线，在游线与重要交通干线交接处，设置带有综合服务功能的出入口，可

图8

图 7　上海市嘉定新城绿环水网与林地提取

图 8　上海市嘉定新城绿环道路与绿道体系

图 9　上海市嘉定新城绿环村庄整治

图 10 上海市嘉定新城绿环
　　　 游憩空间分布
图 11 绿环内智慧森林公园
　　　 平面图
图 12 绿环内入城门户公园
　　　 节点平面图

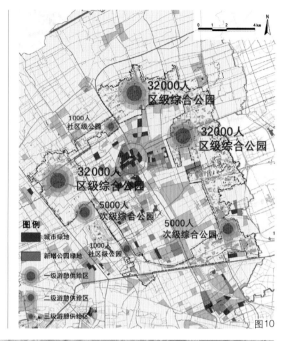

图10

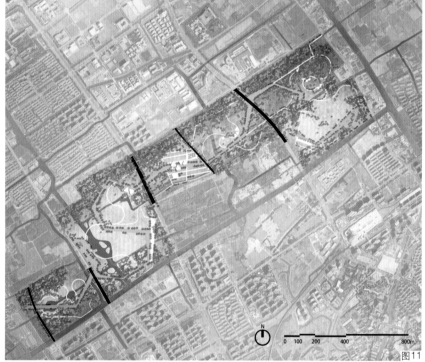

图11

图12

举办嘉定马拉松、环城骑行等活动。

（三）深化局部打造样板区

为落实规划管控要求，将智慧森林公园区段和生态绿道节点作为样板区进行局部深化设计，从环境科技应用和文化风貌展示角度出发，制定分阶段的实施引导，以点带面激活整个片区。智慧森林公园区段位于绿环北部科技创新区中，规划定位于科技景观的打造，形成环城智慧森林的重要节点，充分结合原有的森林绿地，促进智慧生态体验（图11）。生态绿道节点位于嘉定新城核心功能区，承担全区的政治、经济、文化及社会服务等主要功能，位于嘉定新城中心轴，是嘉定新城规划建设的重要节点区域。作为嘉定的入城门户，节点示范区植入嘉定文化元素，凸显人文风貌，其选址与规划设计具有重要的引导作用（图12）。

四、规划总结

本概念规划针对复合管控下的有机更新，基于嘉定新城绿环用地功能复合、生态作用突出的特性，从绿环的"三生"空间特征识别出发，通过生态基底分析加强绿环的管控底线，并进一步强化绿环对新城的综合提升作用。在尊重用地性质与权属、建设改造减量化的原则下，提出"生态优先＋功能复合"背景下多层面的空间管控技术要求，促进新城绿环的有机更新。

（1）拓展复合功能空间：在总体功能建设层面，充分考虑绿环与周边片区的一体发展，以保护优先、弱化改造、强制管控的更新理念进行分区，从生态、生产、游憩服务三方面提出管控及建设策略，推动绿环成为新城发展的驱动力，打造"生态优先＋功能复合"示范区。

（2）锚固生态结构基底：在生态保护层面，从绿环的形态特征出发，连续的带状空间赋予了绿环特殊的生态价值，以此为基础，把控设计的底线和依据；充分利用嘉定蓝绿交错的空间特征，在通过水系养护绿环生态资源的同时发展游憩绿道，形成绿道、水道、生态廊道一体的格局。

项目组情况
单位名称：同济大学
　　　　　上海同济城市规划设计研究院有限公司
项目负责人：金云峰　周晓霞
项目参加人：蔡　萌　卢星昊　熊睿雨　潘文钰
　　　　　　李　裕　高文琳　蒲宝婧　严文杰

国有农场的转型探索实践

——上海"光明田园"生态田园综合体核心区规划

同济大学建筑设计研究院（集团）有限公司／李瑞冬　潘鸿婷

摘要： 本文以上海光明集团长征农场的"光明田园"生态田园综合体项目为例，围绕"环境优美、产业先进、生活优越"三大发展愿景，提出了"生态为基底、农业为支撑、文化为内核、旅游为先导、社区为落点、区域联动"的转型规划建设原则，及"营造自然丰富多彩的优美环境、引入现代化可持续发展的先进产业、享受田园悠闲自在的优越生活"三大规划策略，探索助力国有农场转型的有效途径。

关键词： 风景园林；田园综合体；规划；国有农场

引言

国有农场是我国政治经济发展的特殊产物，为新中国的农业发展作出了不可磨灭的贡献。随着改革开放的逐渐深入，国有农场纷纷探索转型途径以寻找新的经济增长点。光明集团长征农场在改善农场产业结构、打造美丽乡村、带动场部发展以及提升职工生活质量等方面发挥着示范引领作用。在党的二十大提出全面推进乡村振兴战略的新时期，如何加快建设农垦新型现代化农场，进一步发挥国有农场的示范引领作用，迫切需要更为深入的思考与研究。

20 世纪 50 年代末至 60 年代初，崇明岛围垦北沿滩涂，上海市部分区、市属单位及驻军部队参加围垦，各自兴办畜牧场或农场。之后，经过撤并组合，至 20 世纪 60 年代后期，陆续建立 8 个

市属农场，开展规模化农业生产（图 1）。为了凸显崇明岛生态涵养以及粮食生产功能的职能定位，2004 年由崇明八大围垦农场组建形成光明食品集团上海崇明农场有限公司。

"光明田园"生态田园综合体项目（简称"光明田园"）位于上海市崇明区崇明岛西北部，总体落位于光明集团长征农场内，总面积 21.08km²，其中核心区 7.14km²。项目东临东平国家森林公园，西临 2021 年崇明花博会园区（图 2）。

一、国有农场转型发展的必要性

（一）引领乡村振兴战略

以龙头企业为核心的国有农场转型有效支撑了乡村振兴战略的发展。在生产要素方面，国有农场

图 1　崇明农场分布示意图
图 2　基地区位示意图

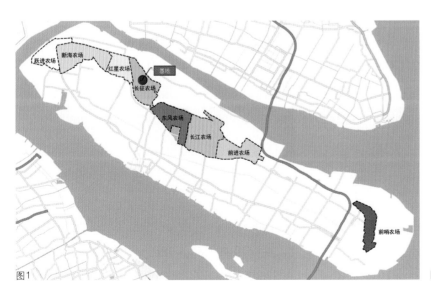

图1

图2

图3　基地现状用地图

聚集生产要素，具备独特的发展潜力和规模，可带动周围经济发展；在产业方面，国有农场具有大基地、大企业、大产业的发展格局，在产品研发、推广和经营等方面可发挥更大的示范带领作用。

（二）推进城乡一体化发展

推动城乡发展一体化是乡村振兴战略的重要目标之一，国有农场可充分发挥其区域性、经济性、社会性的特点，为城乡一体化发展提供载体。建设现代化农场有助于促进农场的产业发展，聚集要素、整合资本、吸引外来人口。依托产业基础优势、组织优势和资源优势，充分发挥农场转型在推进城乡一体化中的推动作用，对周边乡村区域起到示范引领作用。

（三）促进农业转型与产业升级

相较于农村，国有农场在产业链上具有更为完善的基础，建立了从农田种植到产品加工，再到销售的全产业链，可率先实现一、二、三产业互融互动。通过各个产业的相互渗透融合，把休闲娱乐、度假养生、文化艺术、农业技术、农副产品、农耕活动等有机结合起来，使传统功能单一的农业及农产品成为现代休闲产品的载体，发挥产业价值的乘数效应，示范引领特色农业现代化。

二、国有农场现状问题分析

目前国有农场普遍存在产业大、营收低、生活贫的现象。以光明集团农场为例，普遍存在以下问题：

（一）农业发展遭遇瓶颈，产业模式亟须升级

光明集团农业产业以粮食作物、花卉和规模养殖为特色，存在产业经济结构较为单一、产业链发展不够完善、各个产业间的联动融合度有待提升等问题。且未充分发挥农场的生态优势，农业文旅产出的比重较低，资源未能实现优势互补和深度开发。

（二）生态基质相对单一，生态稳定性较弱

目前农场内部的资源以水域风光、生物景观和农业景观为主。水域风光以河渠为主，形式单一、水面率较低。防护林以梅花形排列的水杉林为主，虽然形成了农场特有的景观，但植物多样性需要提升。农业景观以鱼塘、农田及果林为主，整体规模宏大、形态规整，由于防风林体系的不完善，存在部分果树倒伏的隐患（图3）。

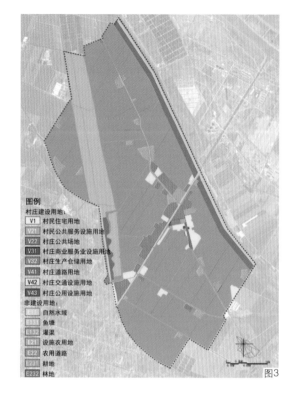

图3

（三）生活支撑体系薄弱，生活质量有待改善

长征社区现有人口约4000人，主要由场部职工、非常住外来务工人员、农忙收割临时人员组成。由于基础设施滞后、内部交通不畅、公共服务设施不完善等生活支撑体系发展不足，导致社区人口生活质量较差，本地青壮年人口流失较为严重。农场的转型与发展需要大量的专业性和服务性人才参与经营管理，为社区人口提供优越的生活环境是保障农场发展的基础。

三、国有农场转型规划建设策略
（一）生态为基底，延续区域生态要求

《崇明世界级生态岛发展"十三五"规划》明确了崇明本岛是世界级生态岛建设的核心载体。根据崇明建设国际生态岛的总体目标，光明田园的建设应以生态建设为核心。规划延续区域生态要求，厚植生态基础，倡导绿色交通；发展生态经济，彰显岛屿风貌。在此基础上，构建生态安全格局，重点强调生态防风林系统构建与修复、道路生态的构建、灌渠—河道—水系联动的灌溉与雨洪安全体系的构建。

（二）农业为支撑，深度融合三大产业

依托光明集团"立足农场、深耕农场、发展农场"的总体思路，高处谋划、实处着手，按照大基

地、大产业的发展方向，促进一、二、三产业融合发展。以优质粮食种源、生态畜禽养殖、特色水产养殖、景观农业为基础打造生态高效循环农业示范区，打造光明天地长江经济产业带。

（三）文化为内核，增强地方文化认同

长征农场具有农场文化和知青文化两大历史支柱文化。规划依托崇明作为上海这个国际大都市生态后花园的区位优势，一方面传承中国传统的田园文化，营造"大隐隐于市"的生活意境，也强调农场大规模、大场景和现代化大型机械生产的特色，将垦拓精神与现代科技融合；另一方面结合现代消费文化，将废弃厂房改造为艺术社区，延承知青文化内涵，追忆并见证时代变迁与发展。通过体现历史、记录发展、艺术创新三大策略，打造一个多元的文化社区，增强社区文化认同感，吸引各个年龄段的人群。

（四）旅游为先导，实现农旅融合发展

"农业＋旅游业"的产业经营方式，一方面可以促进农业生产，调整和优化农业结构，拓宽农业功能，延长农业产业链，从而提高农业效益；另一方面又可以开发利用农村旅游资源发展旅游服务业，促进旅游产品多样化发展，实现旅游的转型升级；还可以促进农民转移就业，增加农民收入，为新农村建设创造较好的经济基础。

规划从"大地景观艺术化、农业生产体验化、特色社区情景化、自然生态疗育化、农副产品品牌化"五大方面打造特色农场旅游市场。

（五）社区为落点，打造新型社区群落

规划建设生活优越的田园社区，以人性化、共享化、生态化、现代化为目标，通过保留、更新、开放、渗透四大策略，建设有利生产、方便生活、促进流通、繁荣经济的现代化社区。

社区共分为三种类型——集中式光明小镇、分散式旅居社区和分散式生产社区。其中，光明小镇作为社区居民主要居住区域，也为部分旅居人员提供住宿；旅居社区主要为游客提供住宿，生产社区则是临时型社区，为农忙时节从事农业生产的人员提供临时住宿。

（六）增强联动，提升区域整体吸引力

1.联动崇北东平城镇圈

打造高效生态农业，拓展文化创意产业，发展休闲旅游度假，构建大地景观特色花田农田，吸引游客。

图 4　规划结构图

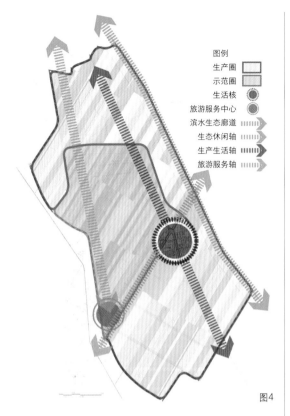

图例
生产圈
示范圈
生活核
旅游服务中心
滨水生态廊道
生态休闲轴
生产生活轴
旅游服务轴

图4

2.联动崇西西沙城镇圈

形成规模化农业，发展疗养度假产业，开发运动休闲、智慧科创项目，吸引长期游客。

四、国有农场转型规划布局

结合生态、产业、功能、文旅发展、社区、区域联动等层面的需要，在总体布局上，规划打造"一横三纵四轴线，一核一心两圈层"的轴线圈层空间体系（图4）。

规划紧紧围绕"环境优美、产业先进、生活优越"三大发展愿景进行探索，寻找契合光明田园未来发展的布局（图5、图6）。

（一）营造自然丰富多彩的优美环境

（1）生态格局构建：以防风林体系建设为基础，结合区内水系水网、生产种植、湿地生态等营造光明田园安全而稳定的整体生态格局。区内规划300m为单元的东南—西北向防风体系，塑造湖泊、湿地、河道三大水系类型，以核心区为中心，形成产业示范区、产业推广区、产业种植区3个万亩圈层种植体系。

（2）色谱体系营建：将农业生产与大地景观有机结合，形成以核心示范区为中心，向生产圈层辐射的内密外疏的色谱体系（图7）。

（3）核心区七大景区营建：核心区集水面、

图5

图6

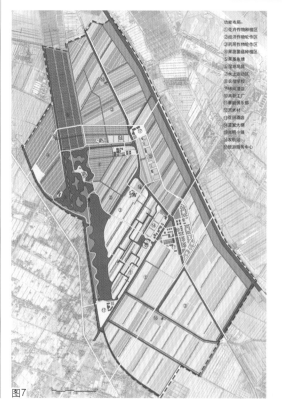

图7

湿地、港汊、薰衣草花田、油菜花花田、果园、水道、服务设施为一体，规划形成薰衣草花田景区、半岛花田景区、四季果园景区、田园水乡景区、中心水体景区、生态湿地景区及田园社区景区等七大景区（图8）。

（二）引入现代化可持续发展的先进产业

光明田园在产业培育上突出农场建设的"特色化、规模化、集约化、示范化"，根据生产功能的不同，划分为14个分区，形成了三大产业集群，分别是光明田园农旅文体休闲项目集群、高新科教生产集群、光明小镇产业集群（图9）。

（三）打造田园悠闲自在的优越生活

规划提出光明田园体现历史、记录发展、艺术创新三大文化发展策略，充分发掘农场文化与知青文化两大文化支柱，加入现代时尚元素，使艺术与生产、旅游相互融合，以生产的规模性、技术的先

社区布局规划表　　表1

级别	功能定位	名称
大集中	具有社区居民居住、生活以及游客购物、餐饮、住宿等功能	光明小镇
小分散	位于花田中具有浪漫情调的旅店及餐厅组团，为游客吃、住、购等服务	百花庄园
	位于田间的具有田园特色的旅店及餐厅以及为艺术家打造的工作室，为游客和艺术家吃、住、购等服务	田园艺术村
	位于果林内的林下木屋组团，为游客吃、住、购等服务	林隐村
	位于小岛之上、面向宽阔水面的特色旅店及餐厅组团，为游客吃、住、购等服务	风荷岛

配套服务设施类型表　　表2

序号	类型	分类	设施
1	农业生产设施	种植设施	包括晾晒场、农技站、加油站、粮食存放烘干场、温室大棚、捕捞净水养殖等渔业设施、自动化养殖设施、道班房等
		渔业设施	
		畜禽养殖设施	
		管理设施	
2	旅游服务设施	餐饮设施	包括游客中心、各类餐饮与住宿设施、交通枢纽、游船码头、综合购物、展览演艺等设施
		住宿设施	
		交通设施	
		购物设施	
		游乐设施	
3	公共服务设施	生活设施	包括农技学校、公共文化与体育、医疗卫生、社区福利、管理、交通、环卫、仓储等设施
		管理设施	
		功能设施	

图8　　图9

图10　　图11

图12　　图13

进性来体现产业发展风貌，以多元文化社区、完善配套设施体现未来农场的优越生活质量。

（1）构建多元文化社区：社区总体采用"1+4"的"大集中、小分散"布局模式（表1）。

大集中：将原有的长征农场场部作为未来集中的生活服务配套区——光明小镇，主要供场部职工、外来居民及部分旅游人员居住。

小分散：在富有特色的田间、小岛、林下等设置小型居住组团，主要为游客提供特色住宿服务。

（2）完善配套设施：核心区内规划综合服务中心、服务次中心、服务点与服务设施四级服务体系，设置农业生产设施、旅游服务设施与公共服务设施三大服务施实类型（表2）。

五、结语

国有农场转型发展是推动美丽乡村与乡村振兴的重要载体。光明田园作为国有农场转型发展的先期示范项目，于2021年初步建成后，配合2021年第十届中国花卉博览会（崇明花博会），起到了一定的客流分导、服务分导、管理分导等作用，其生态、生产、生活方面的示范效应逐步呈现，样板功能逐步发挥。在此，抛砖引玉，希冀能引发对国有农场转型发展与殷实农场建设更多的思考与探索（图10~图13）。

项目组情况

单位名称：同济大学建筑设计研究院（集团）有限公司

项目负责人：李瑞冬　汤朔宁

项目参加人：潘鸿婷　龙羽　廖晓娟　钱峰　项竹君　顾冰清　李伟

图8　核心区总平面图
图9　产业发展分布图
图10　生态湿地景区建成效果
图11　中心湖区景观桥建成效果
图12　皮划艇赛道建成效果
图13　游客中心建成效果

文旅规划设计方法的更新与实践

——以四川绵竹国家玫瑰公园概念规划设计为例

笛东规划设计（北京）股份有限公司／袁松亭　涂　波　郭小虎

公园一词在唐代李延寿所撰《北史》中已有出现，花园一词是由"园"字引申出来，公园花园是城乡园林绿地系统中的骨干要素，其定位和用地相当稳定。当代的公园花园每个城市居民占有面积为 6～30m²。

摘要：基于生态文明与高质量发展背景，国家玫瑰公园概念规划设计通过采集认知资源市场、混合用地协同城乡、情景文化构想策划、运营前置品牌塑造、空间形态赋能驱动五大策略，并叠加演进更新文旅规划设计方法，提升规划的科学性与落地性，以期推动新时期文旅开发的高质量发展，并为相关研究工作和规划设计提供新的视野和路径。

关键词：风景园林；文旅；乡村；概念规划

一、项目背景

国务院印发的《"十四五"旅游业发展规划》以及文旅部发布的《"十四五"文化和旅游市场发展规划》均指出旅游业在服务国家经济社会发展、满足人民文化需求、增强人民精神力量、促进社会文明程度提升等方面作用更加显著。中国文旅产业正处在加速上升发展阶段，已成为国民经济的支柱产业，也是国家经济高质量发展、国内国际双循环新发展格局以及"双碳"目标的战略示范与支撑。四川绵竹国家玫瑰公园既是生态文明及"两山"理论的具体实践，也是新型城镇化、乡村振兴的示范项目。为此，项目必须要立足于国土空间优化与混合经济增效，通过对市场趋势研究、在地文化挖掘、山水空间重塑，重构产业布局与空间规划，推进国家玫瑰公园建设。

二、项目概况

国家玫瑰公园位于四川省绵竹市，成都平原与川西高原交接地带，属于成德绵1小时经济圈。项目由国家林草局批准，占地面积约8.72km²。项目基地紧邻九寨新环线与S216省道龙门山旅游专线，周边旅游资源丰富，主导产业以种植 [2万亩（约1333公顷）大马士革玫瑰]、加工以及科研为主，但由于周边相应配套不足，绵竹市与银谷集团希望抓住机遇，合力打造国家玫瑰产业城镇度假目的地。

三、规划设计策略

规划从5个方面探讨文旅规划设计的更新构建：①定量研判市场资源为项目定性，包括旅游市场数据采集综合应用以及场地条件科学分析综合应用；②内容场景主动对接国土空间规划，采用混合用地灵活调整场景布局，城乡协同发展形成区域发动产业；③构建符合市场预期和场所精神文化、富有极致体验的产品内容体系；④前置运营，预判策划内容与场景匹配度，推广品牌传播影响力；⑤从宏观自然山水界面到微观邻里街道，塑造内容与场景协调的空间意象。

（一）采集认知资源市场

采集认知资源市场，主要包括市场资源采集评价和资源条件综合评价两部分内容。基于大数据采集（python平台综合应用）对旅游资源市场进行科学分析，找准市场方向，同时利用GIS平台综合研判资源禀赋与旅游价值，梳理生态格局和场地环境，分析项目地开发条件及可操作性。

1. 市场资源采集评价

利用大数据采集分析为市场资源进行研判。数据分析主要集中在旅游目的地形象与品牌特性，媒体在危机事件中扮演的角色，旅游行为足迹与旅游流，旅游需求、动机、偏好，游客体验与情绪分析等等方面。应用AHP层次分析法从数据中筛选影响目的地和客源地的关键要素：旅游目的地数据包括社会经济、配套设施、到访评价等旅游资源信息（表1）；客源地市场数据采集包括不同级别市场，游客从事行业分布以及游客年龄结构、收入水平、消费偏好等客群属性，客群行为以及 LBS 数据。通过市场导向分析，研判产品内容体系的核心问题（主导产品、开发规模等）以及确立目标客群画像，为文旅项目、产品研发定调并为规划设计提供决策支持。

通过对国家玫瑰公园基地周边现状配套和业态分布采集分析发现，餐饮、零售及生活服务、休闲娱乐产业发展较快，且分布向沿山和市区集中（图1），但酒店住宿品质欠佳留宿不足。综合百度指数分析四川五大代表性旅游目的地客群属性，显示省内游客在除暑期之外为国家玫瑰公园目的地潜在主力客群（图2），对项目地周边一、二级客源市场利用数据采集分析得到客群主体特征及兴趣分布，形成客源地潜在人群画像作为产品体系与内容构想研究基础（图3、表2、表3）。

2. 资源条件综合评价

发挥 GIS 平台综合应用在资源禀赋研判与旅游价值评价中的链接作用，通过 GIS 拓扑分析、网格分析等方法进行评价，利用 Landsat 数据、高程、等时圈等模型与资源条件研判叠加，甄选优先开发区域；利用 GIS 空间网格分析遴选最优线路、酒店等服务设施的选址布局等场地开发适宜性条件；通过分析 DEM 数据检测可见区域视觉敏感度，对标志物空间位置、开发体量控制、廊道界面选择等景观风貌资源进行研判。项目所在地有深厚的人文景源与独特的自然风光景源，物产丰富、综合区位良好，通过 GIS 辨识场地开发条件指导选址布局、场景转化。锚固国家玫瑰公园主体特征，利用 GIS 平台辨识基地重要生态源及潜在地质灾

图1　国家玫瑰公园目的地周边配套业态现状采集分析图
图2　四川省标志性目的地搜索热点及游客属性采集分析图
　　（注：数据采集来自百度指数）

国家玫瑰公园目的地周边配套业态要素分析表　　　表1

业态种类	业态构成	业态分布	业态形式
餐饮	19.57%	市区、沿山聚集	快餐厅、中餐厅、奶茶饮品、面包甜点、小吃快餐、咖啡、火锅、其他
零售	42.85%	均匀分散	服装配饰、家电厨卫、潮流数码、综合超市、黄金珠宝、生活用品
车辆服务	5.96%	市区聚集	汽车维修、汽车美容养护、汽车电子娱乐、汽车租赁
养生	5.61%	沿山、市区聚集	瑜伽馆、美容SPA、足疗按摩
金融保险	1.53%	市区聚集	金融服务、保险理赔
生活服务	13.72%	市区聚集	美容服务、美发造型、照相馆、视力保健
运动健身	0.67%	市区聚集	健身会所、体育运动
教育培训	2.78%	市区聚集	培训机构、早教
休闲娱乐	7.31%	市区、沿山聚集	影院、酒吧、书店书吧、KTV、网吧电玩

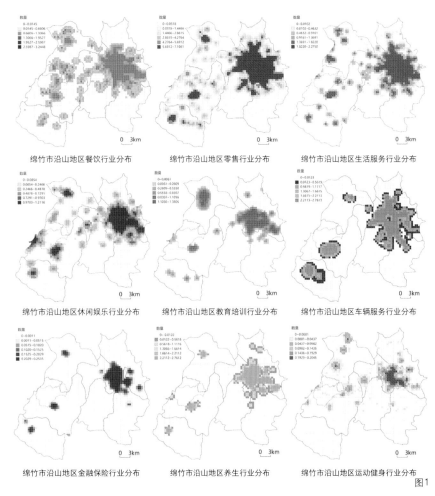

绵竹市沿山地区餐饮行业分布　绵竹市沿山地区零售行业分布　绵竹市沿山地区生活服务行业分布

绵竹市沿山地区休闲娱乐行业分布　绵竹市沿山地区教育培训行业分布　绵竹市沿山地区车辆服务行业分布

绵竹市沿山地区金融保险行业分布　绵竹市沿山地区养生行业分布　绵竹市沿山地区运动健身行业分布

图1

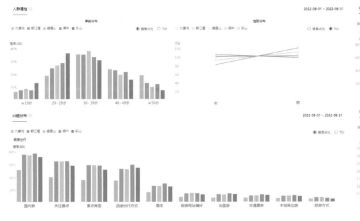
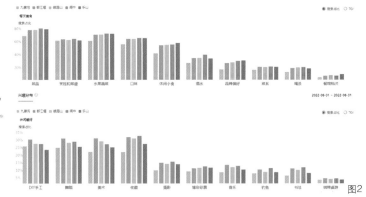

图2

序号	分析要素	特征
1	地域分布	以四川、广东、山东、江苏、浙江为主
2	年龄分布	全龄
3	性别分布	男性偏多
4	出行关注点	聚焦于国内游，关注景点类型及远途出行方式
5	餐饮服务消费特征	关注菜品种类、烹饪方式、口味等
6	休闲娱乐消费特征	偏好于艺术类消费

一、二级客源市场客群属性及消费特征分析表 表3

序号	客源市场分析要素	高频数据分析
1	居住人群年龄结构	19~55 岁（青中年、老年）
2	办公人群年龄结构	25~50 岁（青中年）
3	旅游人群年龄结构	18 岁以下、35~44 岁、55 岁以上（全龄）
4	收入水平	3000~15000 元 / 月（中位数 6500）
5	消费偏好	以美食、购物、养生为主，休闲偏弱

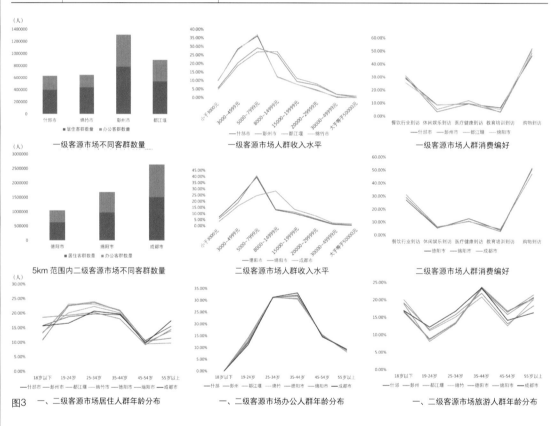

图3 一、二级客源市场居住人群年龄分布　一、二级客源市场办公人群年龄分布　一、二级客源市场旅游人群年龄分布

害易发区，划分出浅山区、平坝区以及湖区，通过蓝绿廊道贯通林盘、湖塘与场镇，搭建必须的缓冲区形成基地多层次、连续性安全保障和生态支撑系统（图 4、表 4）。

（二）混合用地协同城乡

国土空间规划体系是国家空间发展和空间治理的战略性规划，是空间开发保护实现高质量、高效率、公平性与可持续的发展基石。国家玫瑰公园积极对接国土空间规划体系，采用混合用地模式，灵活调整内容与用地间的弹性，利用点状供地建设必

要的配套设施，从"存量"方面发掘潜力提高土地利用价值。保留玫瑰种植核心区两处川西林盘村庄，按业态构想与运营需求对原有集体建设用地和空间进行改造，提升人居环境品质，村民可以宅基地入股方式参与公园运营，引导村民发展民宿、书苑等农创项目，推动共同富裕。将文旅酒店、商业及度假区等高附加值项目集中布置于场地三水汇流处，融入城镇开发边界实现开发建设、三线管控与土地资源平衡。

国家玫瑰公园未来构建 5A 级景区并作为九寨新环线重要节点，产业社区和度假目的地与周边城

图3 客源地客群属性及特征分布采集分析图（注：一级客源市场为绵竹市周边城市，二级客源市场为省内中心城市）

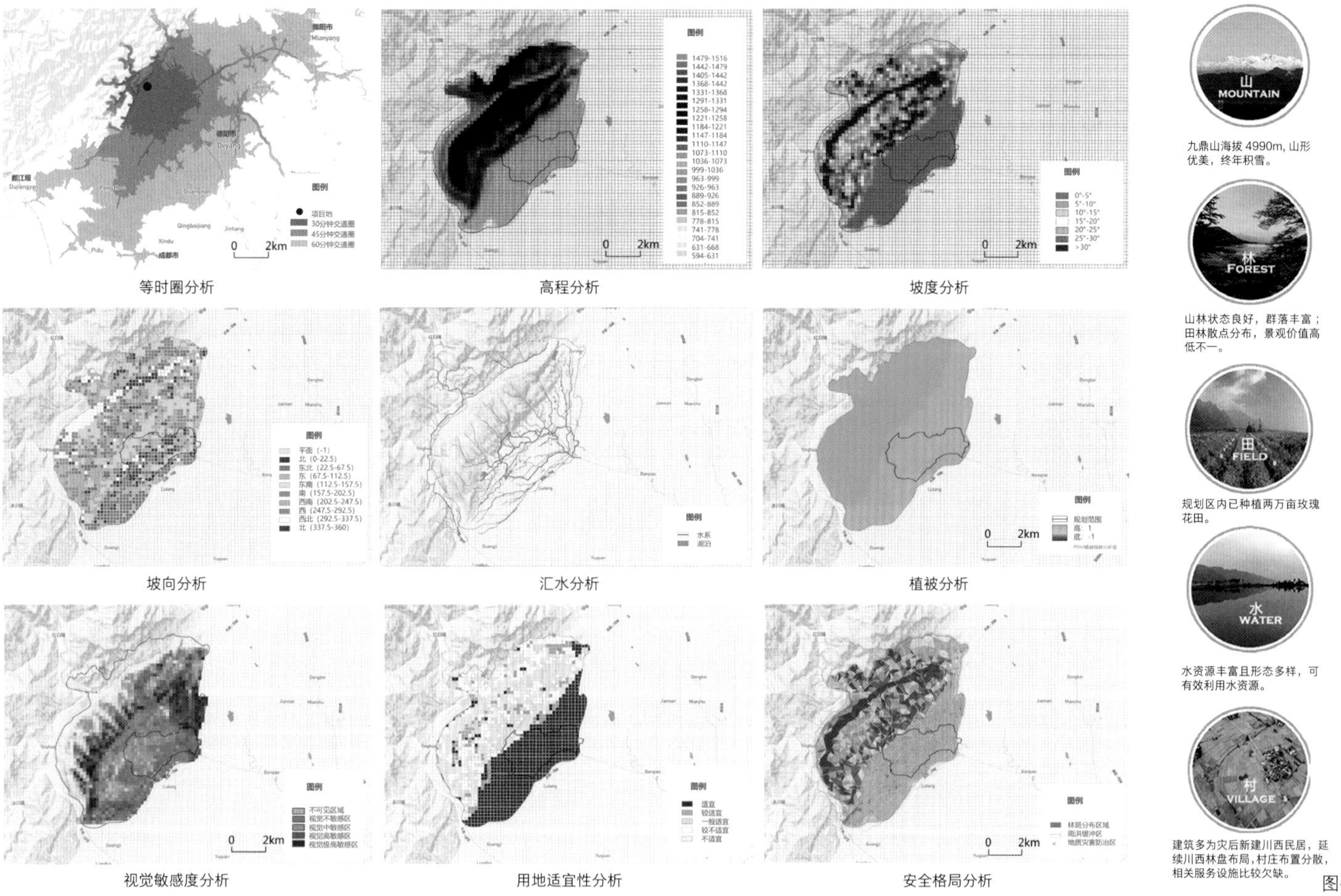
等时圈分析
高程分析
坡度分析
坡向分析
汇水分析
植被分析
视觉敏感度分析
用地适宜性分析
安全格局分析
山
MOUNTAIN
九鼎山海拔 4990m，山形优美，终年积雪。
林
FOREST
山林状态良好，群落丰富；田林散点分布，景观价值高低不一。
田
FIELD
规划区内已种植两万亩玫瑰花田。
水
WATER
水资源丰富且形态多样，可有效利用水资源。
村
VILLAGE
建筑多为灾后新建川西民居，延续川西林盘布局，村庄布置分散，相关服务设施比较欠缺。
图4

图 4　项目地资源条件综合研判分析

镇协同能够形成区域联动。项目科学布局三生空间，以目标吸引为核心，推动产业小镇建设作为城镇化进程的重点，将核心放在产业培育上，促进产业城镇与周边城乡协同发展、有机联动，形成区域发动产业。更新乡镇一级公共服务资源水平，其溢出效应不仅可吸纳周边留守妇女、老人就业，还可有效吸引成渝地区双城经济圈优秀人才回乡创业，带动高品质、微度假等产业发展，振兴乡村，推进绵竹沿山地区社会经济全面发展。

（三）情景文化构想策划

文旅产业核心是能够提供契合市场需求的文旅产品。文化是旅游的灵魂，文旅产品体系（尤其是文创产品）必须依托文化进行赋能活化。文旅项目体验感是依托场景营造而建立，而场景营造与在地文化、体验层次以及场景画面构成密切联系。

将场地最具人文浪漫价值的亨利·威尔逊川西之路“世界历史花园IP”与场地壮美的雪山玫瑰自然景致相结合，通过市场前测进行业态内容赋能，打造延续上位、符合市场、满足开发的场地内容构想——“雪山玫瑰·浪漫圣地”品牌传播形象。国家玫瑰公园基于文旅、广电、体育、农旅等多元融合，形成一站式双中心度假产品体系（文化吸引中心以及消费利润中心），包括超级工坊类、农创体验类、研学教育类、自然探险类、爱情主题类、养生度假类等多维体验产品体系，构成5大核心项目，在满足业态场景氛围构想前提下，打造产业小城镇度假目的地全产业链发展模式（表5、表6）。

国家玫瑰公园项目地资源综合评价表　　表 4

序号	评价因子	指标评定	备注
1	用地适宜性	适宜	地基承载力大、景观优
2	生物多样性	高	生产资源丰富
3	交通可达性	强	
4	生态敏感性	山地高度敏感，浅山区中度敏感，平坝区低度敏感	
5	地质灾害危险性	沿山局部有地质灾害易发区	地形较简单，地貌类型单一
6	水资源丰富度	较丰富	水资源丰富，水质良好

旅游产品谱系表　　表 5

序号	产品构成	产品体系
1	浪漫庄园	品牌引领型
2	艺术研学	
3	玫瑰风情	
4	康养胜地	
5	玫瑰产园	
6	川西之路	地域特色型
7	川西风情	

项目体系表 表6

分类	分区	项目名称
核心板块	爱情海主题度假板块	伊甸园风情商业、浪漫尚湖岛、爱情主题庄园度假群落、中心岛水岸码头、玫瑰海花岛、湖心岛、玫瑰精品酒店、夜游灯光演绎、滨水运动基地、轻奢营地、水岸竹屋、鹊桥双虹
	玫瑰庄园轻奢板块	浪漫图书馆、香氛美术馆、浪漫星空酒店、缘河探秘、星空教堂、花海低空热气球、绿隐餐厅、户外探险步道、彩黛云台（多彩玫瑰）、花台观景塔、彩黛巡游、现状展销中心
支撑板块	共享入口服务区板块	游客服务中心、生态停车场、玫瑰公园入口、水聚天心景湖、景区管理中心
	工坊小镇创客板块	玫瑰产研基地、田园艺术中心、工坊互动展售中心
	玫瑰田园农创板块	玫瑰品种示范园、绿海机车（小火车）、污水处理厂、大师民宿

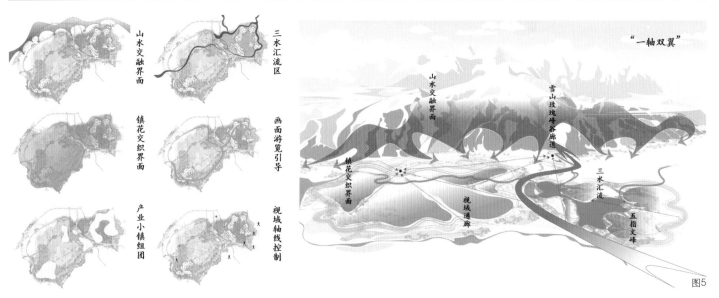

图5

图5 开放空间格局分析图
图6 功能分区与空间结构分析
图7 规划总平面图
图8 鸟瞰构想图

（四）运营前置，预判模拟

运营是文旅项目在市场商品中能否得到认同的关键，文旅开发必须遵循市场逻辑，提前将运营环节前置规划设计阶段，从市场大数据、场地开发条件、内容产品体系、品牌推广传播等层面，充分模拟、研判文旅项目在现实运营中需要的环境场景和氛围。

通过在国家玫瑰公园举办第八届中国月季大会，扩大核心品牌传播影响力，利用数据采集形成工具箱，建立前期运营体系，在园区各运营环节模拟"打压试验"。采用混合经营将园内村民纳入运维培训管理闭环，发掘招引"新乡贤""新农人"本土创业，激发村民荣誉感和参与度，构建国家玫瑰公园末端自发管护体系，逐渐形成轻重条线的资产模式推进资源产业预招商，推广品牌IP创建及宣传活动安排等。

（五）空间形态赋能驱动

空间和形态是文旅内容与场景的载体，是从空间识别、空间诊断到空间塑造的全过程演变，包括对资源环境和场地条件的空间识别，以及场景营造和产品空间的塑造，同时也伴随着宏观自然山水空间、中观地块布局空间、微观场所空间各个意象间渗透关联、整合重塑的过程。

宏观尺度下开放空间使产业城镇与场地"峰谷"形成连续视廊，构建内外空间渗透的山水格局；中观尺度下则通过综合条件辨识、生态格局、国土协同、情景引导、布局形态之间的叠加策略打造"一轴双翼"空间格局（图5）。

微观尺度下，延续川西长街、窄巷与长河相融的传统空间组合模式，形成复合线性功能空间并联通组网小微邻里单元系统。整体上将基地划分为五大功能板块，包括共享入口服务区板块、爱情海主题度假板块、玫瑰庄园轻奢板块、工坊小镇创客板块、玫瑰田园农创板块（图6）。

基地五大功能板块（图7、图8）选址布局突出功能配置、场景体验与产业环境契合度，如于三水汇流处形成"水聚天心"，将城堡酒店组团、香氛街坊、玫瑰社区等组团围湖展开，将基地极具震撼的雪山玫瑰轴线引入湖区，布局价值较高的商业板块，最大化外溢高品质环境价值；保留原川西林盘村庄改造为玫瑰工坊小镇，依托山前天然小丘形成的视觉中心布局玫瑰庄园，梳理场地及农田肌理构建田园农创的震撼效果（图9～图13）。

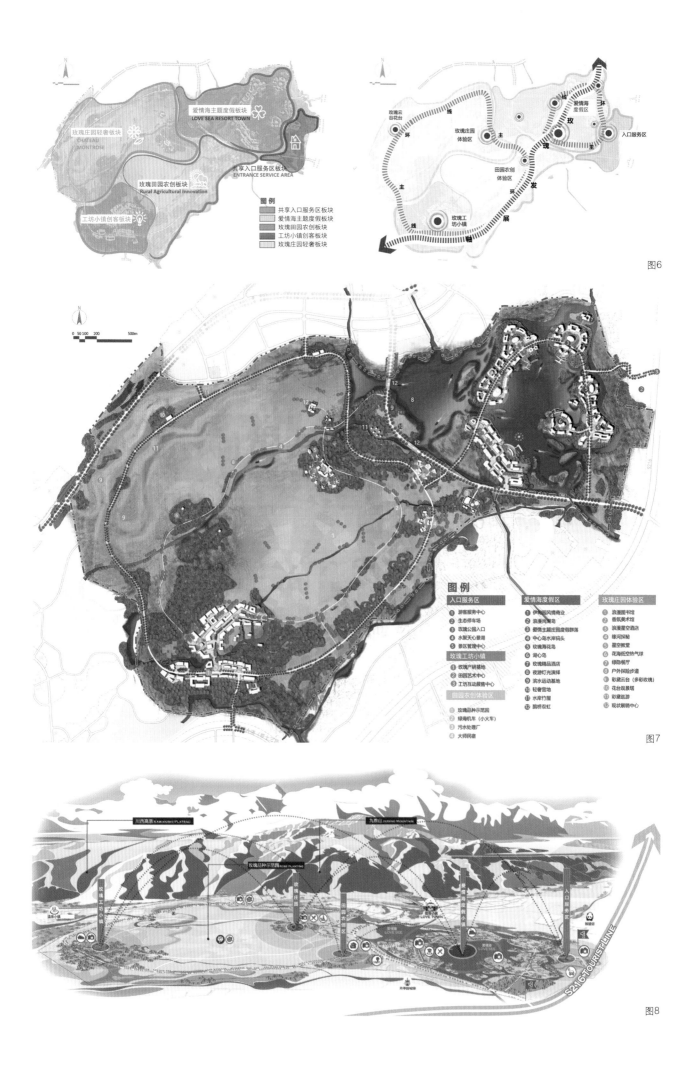

图6

图7

图8

入口服务组团空间模式分析
ENTRANCE SERVICE AREA

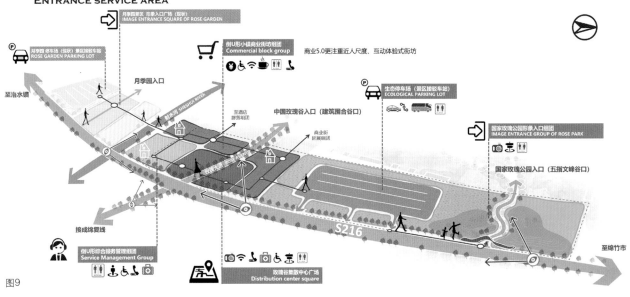

图9

入口服务组团立面分析

国家玫瑰公园入口沿线界面
A Interface along the entrance to National Rose Park

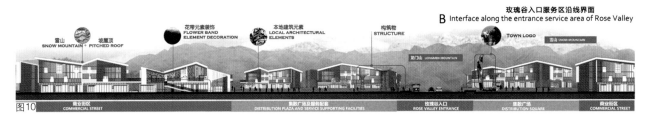

玫瑰谷入口服务区沿线界面
B Interface along the entrance service area of Rose Valley

图10

爱情海度假区

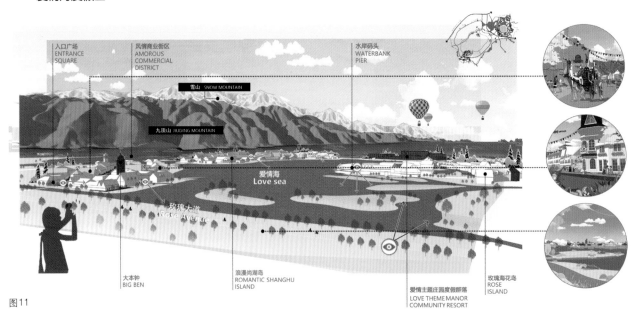

图11

玫瑰工坊小镇

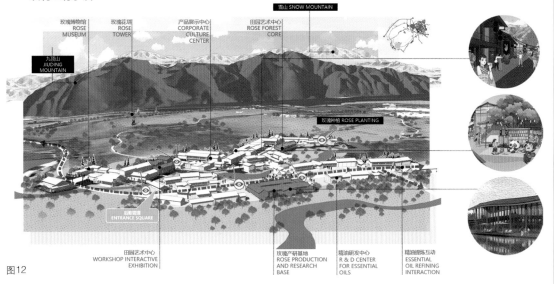

图12

玫瑰庄园，田园农创体验区

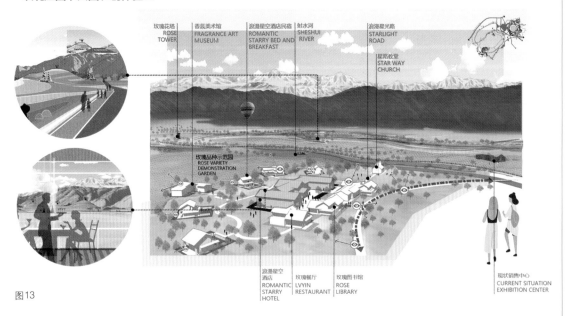

图13

四、结语

国家玫瑰公园在复合背景下延续传统山水文化，重塑符合川西性格的产业城镇与高品质生态宜居地。构建契合市场和场地条件的产品项目体系，激活场地触媒，放大品牌传播影响力；延续场所精神，实现文旅空间意象与自然山水环境重塑融合；更新构建文旅规划设计体系，突出整体性与导向性。在当前我国高质量发展新时期以及文旅开发建设蓬勃阶段，期望为文旅产业建设、新型城镇化及乡村振兴带来新思考和新方法。

项目组情况

项目负责人：袁松亭　涂　波
项目参加人：郭小虎　梁　棚　冯艳杰

四川遂宁市南滨江城市走廊设计

——从混凝土护堤到充满活力的滨水公共空间

易兰（北京）规划设计股份有限公司／陈跃中　莫　晓

摘要： 本文基于城市河流从传统交通运输功能到生态与休闲功能的转变，分析城市滨水空间在生态系统与公共空间两个层面的价值与面临的挑战。对遂宁南滨江城市走廊提出"一个慢行系统、两个景观界面、多通廊多入口"的规划设计策略。通过设计与联通重新定义被混凝土坝堤与城市道路割裂的城市公共空间，营造充满活力的滨水公共空间。

关键词： 风景园林；滨水；设计；公共空间

一、规划设计背景

项目位于四川省遂宁市涪江西岸通善大桥和涪江五桥之间，全长约9km，总面积130hm²，与圣平岛隔涪江呼应（图1）。遂宁市地处成渝经济圈的腹心，人口、经济和产业不断发展，对四川省的发展起到引领和带动作用。遂宁市政府希望通过滨江南路景观带的设计与建设，为遂宁打造一个美丽的城市名片，通过营建南滨江城市走廊开放共享、高参与性的滨水公共空间满足不同人群的活动需求，为市民滨水休憩提供去处。

图1　项目区位图

二、规划设计对策

遂宁南滨江城市走廊一期目前已建成开放区域全长4km，将遂宁滨江带分为生态休闲绿道段与城市活力段两个区域（图2）。场地最初是一个被人们忽略的沿江大坝带状地，几乎不被市民所用。方案在尊重原有河岸及河堤路的基础上，增加了贯穿整个河岸线的慢行系统、健身步道及配套休闲设施，着重打造了滨水休闲界面和滨江路城市街景界面，最终交融成充满活力的城市滨水空间（图3、图4）。

三、城市活力段——街景界面

城市活力段突出景观、服务与到达功能。充分考虑周边区域以居住、商业用地为主的特点，通过对小型开放广场、台地地形塑造、汽车停靠站及沿街绿化等的重新梳理，打造清新怡人的街景空间，将城市环境与滨水公园无缝连接，把市民自然地引入公园环境中（图5），为市民提供了一个高参与性的滨江绿带公园。

同时，利用改拆原有商业建筑腾出的建筑指标，结合大堤高差，增设休闲服务建筑，营造一定的空间围合度，给城市高密度人群提供公共聚会、商业购物、儿童活动的室内外场所。尽量保留场地上原有的树木和可利用的铺装，减少浪费，摒弃高投入的建造模式。对原有的大树予以保留并围绕其

图1

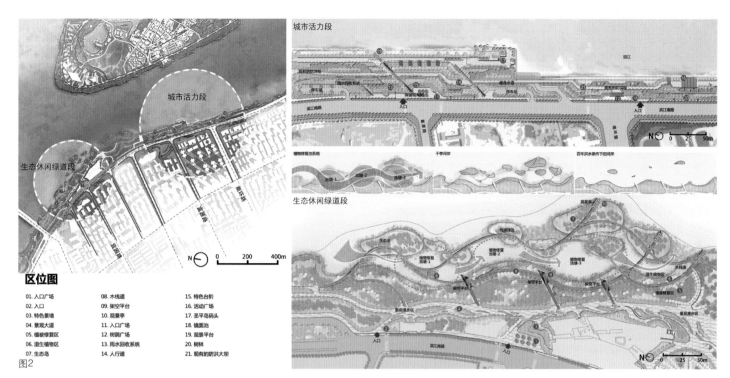

区位图

01. 入口广场　　08. 木栈道　　　15. 特色台阶
02. 入口　　　　09. 架空平台　　16. 活动广场
03. 特色景墙　　10. 观景亭　　　17. 圣平岛码头
04. 景观大道　　11. 入口广场　　18. 镜面池
05. 植被修复区　12. 树荫广场　　19. 观景平台
06. 湿生植物区　13. 雨水回收系统　20. 树林
07. 生态岛　　　14. 人行道　　　21. 现有的防洪大坝

图2

城市活力段

生态休闲绿道段

图3

图4

图5

图6

进行设计，或利用座椅环绕大树形成城市生态走廊别具风情的入口节点（图6）。

（一）大堤改造

1. 通过大堤的改造丰富慢行系统，柔化界面交接

场地现状原有大堤紧贴滨水岸线，涪江界面生硬呆板、类型单一；城市界面则缺乏休憩停留空间，缺少与涪江界面的空间联系。

设计保留了原有防洪堤岸和堤顶路，在不破坏大堤结构的前提下采用生态台地的手段有效增加覆土厚度，为乔木种植提供必要条件；丰富原有平直无变化的堤顶路形态，创造了堤顶慢行系统、涪江亲水界面与城市街景界面，减少了工程量和施工造价（图7）。

对笔直乏味的堤顶路进行人性化、精致化和趣味化改造，增设了沿堤跑步道（图8）及各种休闲互动空间设施，将枯燥乏味的堤顶路改造为绿荫相间、可游可赏可驻足的慢行系统，提升了堤岸的生态景观及市民休闲功能。在条件允许的地段将堤坝改造成为亲水台阶，增设景观平台，为游人提供多样的公共活力空间及滨水体验（图9）。

图2　生态休闲绿道段与城市活
　　　力段总平面图
图3　城市滨水空间斜向的视线
　　　通廊贯穿内外界面与慢行
　　　系统
图4　游客可沉浸在生态的湿地
　　　环境中
图5　通过竖向设计引导游人至
　　　眺望江景的慢行系统
图6　城市生态走廊具休闲功能
　　　的入口节点

2.利用大堤反坡塑造台地雨水花园，实现低影响开发

由于防洪堤上建立的公园比街道高出2m，在沿城市街景界面上形成了河堤反坡，设计因势利导地利用原有地形塑造富于观赏性的台地花园。依坡就势保留场地中的植物群落，合理组织地表雨水，层层浇灌，沿途利用跌落水口造景，并通过在人行道铺装上设计精巧的细沟，把过剩的雨水最终导流进入街边的绿化带中。整个场地组织成一个雨水管理的展示花园，把自然生态理念与精致的设计细节有机结合（图10）。

（二）慢行系统

规划设计将南滨江城市走廊打造成整个城市慢行网络的核心区域，对接整个城市的绿色廊道和活动空间。

设计方案深入研究游人活动的线路及心理需求，针对停留、观赏、游览、服务等路径进行深入设计，构建城市慢行空间系统及驻足眺望节点空间。宽敞的步行道与一系列开放空间融为一体，形成一个优雅的大露台，可以欣赏到涪江、圣平岛的广阔景色（图11）。

（三）入口与视线通廊

加强城市与公园的连接，重点处理与周边路口的接驳点，使其成为多个慢行圈的交叉点。以特色人行道、过街地下通道、过街步行桥、景观步行桥4种形式将城市人群引入滨江公园之中。

在城市道路交叉路口增加口袋公园作为集散空间（图12），设置横亘城市道路与滨江堤路之间的多个斜向相交的视线通廊。城市居民可以便捷地到达江边游赏。

四、生态休闲绿道段——涪江亲水界面

生态休闲绿道段侧重亲水、互动、观景功能。设置了滨水绿带的入口广场、挑出水面的观景台、休闲廊架，以及适合各年龄段市民的休闲活动设施等。

（一）低成本的修复、激活模式

疏通原有的坑塘水系，增强河流景观的蓄洪调

改造前

图8

改造后

图7

图9

图10

图11

图12

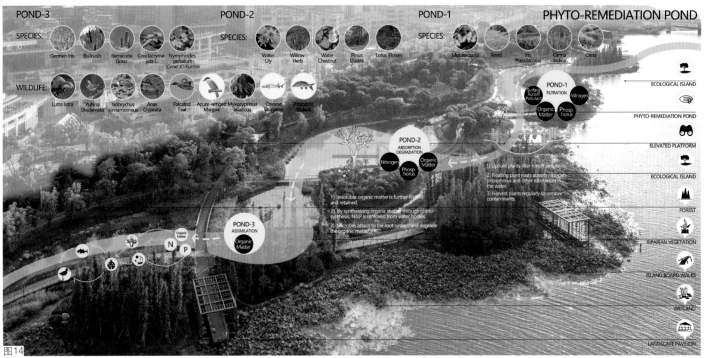

水功能（图13）；保留原生湿地，通过植被自我修复净化水质（图14）；重新梳理现存1100m栈道，在保留原有650m栈道的前提下，增加栈道平台、眺望亭，综合整治、激活场地，以最少的人为干预实现低成本的修复模式。

（二）构建植物修复系统

遵循河流的季节性洪水循环，郁郁葱葱的植被层层向滨水区倾斜，从高地上的乔灌木过渡到低处最靠近河流的由湿地、池塘和新建岛屿构成的水生植物修复系统。一方面通过河岸种植创造出一个绿色缓冲带，减轻河流对河岸的侵蚀；另一方面将已经处理过的城市径流再次净化，排入涪江。在湿地、池塘、岛屿错综复杂的生态系统中重建本土物种，并为野生动物提供良好的栖息地（图15）。

（三）丰富的湿地空间体验

通过生态浮岛的增设丰富亲水岸线，保留和利用坑塘中原有走廊及拆迁构筑物的基础，修建湿地亲水栈道和观景亭，嵌入景墙与景观挑台，为人们提供丰富有趣的自然体验。

一系列栈道柔和地融入池塘系统，让游客沉浸在湿地之中，观察和欣赏大自然。观景塔和观景台可以将再生河岸生态系统周围的环境尽收眼底（图16），高架观景廊提供了畅通无阻的野生动物走廊（图17）。周边商务区与居民区的步行道延伸到湿地栈道系统中，形成该片区的环状慢行网络，加强了栈道系统与周边地块的联系，并与公交站点及水上交通节点轮渡口接驳。

图13 疏通坑塘水系，增强蓄洪调水功能
图14 水生植物修复系统
图15 梳理后的生态系统

五、结语

本案以慢行系统为优先考虑，打破大堤与城市道路对滨水公共空间的阻隔，串联绿色交通、缝合城市与涪江、打开滨水视线，建成充满活力的滨水公共空间。项目建成后初步调研统计，南滨江城市走廊周末早春时节一天能吸引800多名游客，游览集中在傍晚时分；周末夏季一天能达到1200多名游客，游览分别集中在早晨和夜晚。接受采访的49名游客中，100%表示公园让他们更亲近自然，90%表示公园能让其享受和放松。

本案通过滨水公共空间规划设计实践，回应了城市功能需求与市民生活追求，践行了"人民绿地服务人民"的理念（图18），这正是风景园林设计师的使命与乐趣所在。项目建成后受到国际专业同行的一致认可，获得ULI城市土地学会亚太区卓越奖、ASLA美国景观设计师协会综合设计类荣誉奖、IFLA国际风景园林师联合会基础设施类杰出奖、WAF世界建筑节最佳自然景观奖等荣誉。

项目组情况
单位名称：易兰（北京）规划设计股份有限公司
　　　　　四川省建筑设计研究院有限公司
项目负责人：陈跃中　莫　晓
项目参加人：唐艳红　田维民　杨源鑫　张金玲
　　　　　　李　硕　胡晓丹　陈廷千

图16

图17

图18

图16　休闲廊架
图17　高架观景廊竖向标高与城市街区衔接
图18　城市夜景中的生态休闲走廊

共谋绿色生活　共建美丽家园

——援埃塞俄比亚项目谢格尔公园景观设计

中国城市建设研究院无界景观工作室 ／ 刘　晶

摘要： 谢格尔公园是援埃塞俄比亚河岸绿色发展项目的重要组成部分，由中国城市建设研究院无界景观工作室承担景观设计任务。建成的美丽公园受到广大埃塞俄比亚人民的喜爱，成为埃塞俄比亚展现对外开放国家形象、提升民族凝聚力和国际影响力的重要场所，也成为中国和埃塞俄比亚两国共建"一带一路"、促进民心相通的媒介和纽带。

关键词： 风景园林；公园；景观设计；援外

援埃塞俄比亚河岸绿色发展项目是中国政府重点援外项目，位于非洲海拔最高的城市——埃塞俄比亚首都亚的斯亚贝巴，作为埃塞政府"第一优先"及重要政绩项目，于 2019 年 4 月正式启动。其中，谢格尔公园是该项目的重要组成部分，由中国城市建设研究院无界景观工作室承担景观设计任务。

谢格尔公园项目场地位于亚的斯亚贝巴城市中心、Bantyketu 河沿岸，占地面积约 48hm²。几年前，这里曾是一片贫民窟，然而在中国和埃塞俄比亚两国众多工作人员的努力下，仅用一年半时间，该场地就蜕变成一座美丽、现代的城市公园，成为埃塞俄比亚政府展现对外开放国家形象，体现"民族团结、和谐共生"核心价值，提升民族凝聚力和国际影响力的重要场所（图 1）。

2020 年 9 月 10 日，埃塞俄比亚政府在谢格尔公园举办了埃塞俄比亚新年庆典仪式。在庆典上，萨赫勒·沃克总统高度评价，称谢格尔公园"将有助于更好地提升亚的斯亚贝巴的形象和地位，所有埃塞俄比亚人都为之感到骄傲"。阿比·艾哈迈德总理向中方致谢，为中国城市建设研究院谢晓英等人颁发了荣誉证书。

图 1　谢格尔公园鸟瞰

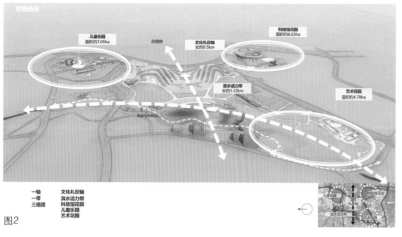

图2

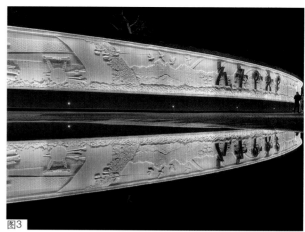

图3

一轴　文化礼仪轴
一带　滨水活力带
三组团　科技馆花园
　　　　儿童乐园
　　　　艺术花园

图2　布局结构
图3　历史文化浮雕墙
图4　景观人工湖
图5　儿童乐园
图6　谢格尔公园夜景
图7　景观湖和叠水
图8　废弃材料利用
图9　沿河石笼挡墙
图10　中埃建交五十周年纪念邮
　　　票之谢格尔公园

图4

图5

一、具有庄严的国家政治属性及埃塞民族文化特色的城市中心广场

谢格尔公园的空间布局结构以文化礼仪轴、滨水活力带及三个花园组团为主体。其中，东西向的文化礼仪轴线是项目的核心区域，是展现埃塞俄比亚国家精神、具有向心力的政治文化活动场所。在此布局中心广场等主要活动场地和景观湖，利用自东向西的现状高差，形成自国花演讲台到湖面地势逐渐降低的景观轴线，凸显政治功能上的庄严气氛（图2）。

国花演讲台位于文化礼仪轴线东端，形状宛如"盛开"的国花马蹄莲；展示埃塞俄比亚历史文化的浮雕墙在演讲台后展开，形成庄重大气的背景空间（图3）。

中心广场地面镶嵌世界地图，记录以埃塞俄比亚为祖先发源地的人类迁徙路线，凸显埃塞俄比亚的民族骄傲。广场西部的音乐灯光旱喷泉，展示具有非洲代表性的埃塞俄比亚音乐文化。中心广场两侧的彩色花带，具有非洲草原风光的象征意义，仿佛展开的双翼，寓意飞向"鲜花之城"亚的斯亚贝巴的美好明天。

景观湖位于文化礼仪轴线与滨水活力带交汇处，面积约14000m²，保留原有的场地标高，节约造价，兼具调蓄雨水、景观灌溉等功能。湖中心设水上舞台及大型喷泉，象征埃塞俄比亚民族融合汇聚、奋发向上（图4）。

二、具有休闲娱乐功能和参与互动体验，激发城市活力的城市中央公园

沿南北向的Bantyketu河道布置滨水休闲带，在统筹考虑河道治理工程的基础上，修建滨河绿道将风景融入市民日常生活，以水清、岸绿、景美、人怡为目标，兼顾水利安全、水质改善、景观营造与休闲旅游体验。

公园的南北两端为儿童乐园、科技馆及艺术花园三个组团，是满足市民休闲、健身、科普、娱乐等需求的公共空间，场地内设置各种不同尺度的多功能花园，可作为户外婚礼的场所，也可组织丰富的文化艺术、民间社团活动（图5）。

遍布公园的广场、舞台、喷泉、花园、绿道等弹性公共空间，在满足政治与外交功能的同时，为普通市民和游客营造白天、夜晚不间断的欢乐场景。空间场地及配套服务设施的建设和运营为城市增加就业、带动消费，助力城市旅游业和相关产业发展（图6）。

三、因地制宜、节约高效，共建共享可持续发展的城市绿心

　　谢格尔公园景观设计遵循绿色发展理念，在建筑工艺、建筑材料和园林植物的选用上尊重当地特色。同时，公园的建设也向埃塞俄比亚成功传递了中国的园林文化、传统技艺、科技创新技术与材料产品，成为"中国设计走出国门"以及中国与埃塞俄比亚两国合作共赢的成功实践（图7）。

　　设计团队充分利用场地施工中开挖出的自然石块及建筑废弃材料作为挡墙及其基础、景观排水沟、景观叠水的砌筑和造景的材料，减少土石方外运量。本着经济、实用、高效的原则，实现建设节约型园林的目标（图8）。

　　在艺术花园内使用废石块和旧建筑材料，沿河道砌筑挡土护栏成为大型公共艺术装置——"都市花草堂"，成为当地工人、市民和设计师、艺术家共同缔造的重要载体，简单的材料蕴含着每一位参与者的心愿，朴实的共建理念引导着健康可持续的生活方式，重塑人们对环境的感知（图9）。

　　在公园建设期间，设计团队友情策划了多场共建共享活动，亦得到埃塞俄比亚阿比·艾哈迈德总理的支持，其亲自参与，致力于提升当地居民的归属感与幸福感，激发人们共谋绿色生活、共建美丽家园的创造力与活力。

四、结语

　　谢格尔公园成为国家领导与普通百姓共同参与、民心相系的场所，成为中国与埃塞俄比亚国际民间交往的媒介，体现了"一带一路"民心相通的美好愿景，为两国进一步的民间文化交流与贸易往来搭建了平台与基础（图10）。

项目组情况

单位名称：中国城市建设研究院无界景观工作室

项目负责人：谢晓英　周欣萌　王　翔

项目参加人：靳　远　李　萍　刘　晶　张　婷　吴寅飞　李宗睿　段佳佳
　　　　　　吴　迪　曲　浩　张　元　李银泊

图6

图7

图8

中国—埃塞俄比亚联合发行
CHINA – ETHIOPIA JOINT ISSUE

中埃建交五十周年
The 50th Anniversary of China – Ethiopia Diplomatic Relations

图10

图9

百年园林旧貌新颜

——昆山亭林园改造提升工程

苏州园林设计院股份有限公司／杨家康

摘要：本文通过对百年园林的历史文化挖掘及与城市发展的界面关系的重塑，让百年园林与城市互融互生，将独特的自然资源与文化资源通过园林的载体重点打造，使之成为城市不可复制的历史名园及城市名片。

关键词：百年公园；亭林文化；玉峰文化

一、项目背景

亭林园历经百年、饱经沧桑，天灾、人祸不断，山园屡修屡毁。院内凌霄塔、古春风亭、华藏寺及妙峰塔等均在动乱中毁于一旦。1983 年，亭林园进行了全面及完整的规划，但由于经济条件的限制，许多基础设施及景点没有得到合理布局，只恢复了古春风亭、华藏寺及妙峰塔等部分景点。经过三十余年的无序发展，后建的银桂山庄、嘉顿山庄等建筑对亭林园的风景造成了破坏，动物园、游乐园、神殿等游乐设施的引入也大大降低了亭林园的品质，各种配套设施也变得陈旧。为改变现有陈旧面貌，恢复亭林园历史文化名园地位，2019 年，昆山市政府从传承亭林园历史文化的角度出发对亭林园进行了整体改造提升，让百年园林的风貌与人文景观得到了充分展现。

二、公园概况

亭林园位于江苏省昆山市玉山镇老城西北隅，是昆山历史悠久的名胜，园内玉峰山形似马鞍；地处江南水乡，苏沪之间，百里平畴，一峰独秀。本次规划设计的范围包括亭林园本体及江心岛区域，共计 42.43hm²。亭林园建于清光绪三十二年（1906年），以园中之山命名为"马鞍山公园"。民国 25 年（1936 年），为纪念昆山先贤顾炎武（亭林）先生，更名为"亭林公园"。东部为人文风景区，有顾炎武馆、顾鼎臣祠堂、刘过墓等。中部为马鞍山景区，以山石景观为主，峰峦、奇石、洞谷引人入胜；古亭、古塔，促人怀古。西部为风景区，以自然景观为主。山后遂园，依山为屏，有清净之美。

亭林园绿水青山，景物天成，四周曲水环绕，山川相映，素有"江东之山良秀绝"之誉。园林专家陈从周评价为"江南园林甲天下，二分春色在玉峰"。园内古树名木繁多，四周曲水环抱，山中奇峰怪石林立，名胜古迹遍布，人文景观比比皆是，古有"四十八景"之说，历为游览胜地。亭林园除了秀丽的自然景色和富有传奇的人文景观外，还有被誉为"玉峰三宝"的昆石、琼花、并蒂莲。

三、现状主要问题

园内由于近三十年来的无序发展以及周边城市的扩张建设，在公园内部功能及公园与城市界面关系等方面都产生了布局混乱、设施匮乏、界面拥堵等问题（图 1），主要集中在以下几点：

图 1　现状图

图1

（1）堵：亭林园南侧为嘉顿山庄酒店建筑，西侧为银桂山庄建筑群，两侧界面被建筑包围，公园内部被完全隔离，视线遮挡；公园东西入口狭窄拥堵，有众多的售卖建筑，入口广场作为停车场使用，活动空间极小；北侧及东侧为密植植物隔离带，视线也完全隔断。

（2）杂：用地杂乱，文化资源缺乏统筹梳理，存在与项目气息不相符的娱乐项目。园内有动物园、游乐园、万蛇谷、异度神殿等10余处现代游览项目，不但与古典园林空间气质不符，而且极大地占用了原有文化景点资源及市民活动交流空间，市民活动集中于古树名木区域，给公园管理造成极大的不便。

（3）缺：配套设施不足，游赏体系不完善，景点建设缺乏吸引力。公园内部公共卫生间不足，现有水系岸线僵直且不环通，出入口停车场的设置不合理，山体道路不连通，监控、医疗点及售卖点均缺失。

四、设计思路

设计对场地资源进行分析总结，梳理组织出古城文化线、名人文化线、玉峰文化线三条文化脉络（图2），通过"疏、扩、理、提"的规划策略思想（图3），疏通玉峰山山体沿马鞍山路的景观带，向城市展示玉峰之美。扩大小西湖及主入口水面，环通水系，实现入园见山水，再现水映山的美景。挖掘历史文化，恢复历史景点，并与园内现有景点进行组合、串联，形成合理的文化脉络。优化园内各个建筑组团，使其具有清晰的功能和合理的业态分布，提升园内景点品质，使之成为江南园林精品（图4）。

五、改造提升要点

（一）显山露水，融合的城市界面

亭林园在与城市界面的处理上，对外透景融绿、城景互融，沿马鞍山路打开视线；对内显山扩水，水映山形，形成合理文化脉络。公园南侧，打开东西入口视线通廊，让东入口轴线及西入口老人峰景观于城市道路中可一览无遗（图5）；拆除原有嘉顿山庄建筑、游乐园及动物园，使山体园林景观与马鞍山路隔溪而望，行走于马鞍山路公园景观即可映入眼帘，形成"水映山"的山水城市界面（图6）。公园西侧，拆除银桂山庄建筑群，新建城市绿地，形成亭林园与城市之间的绿色屏障及

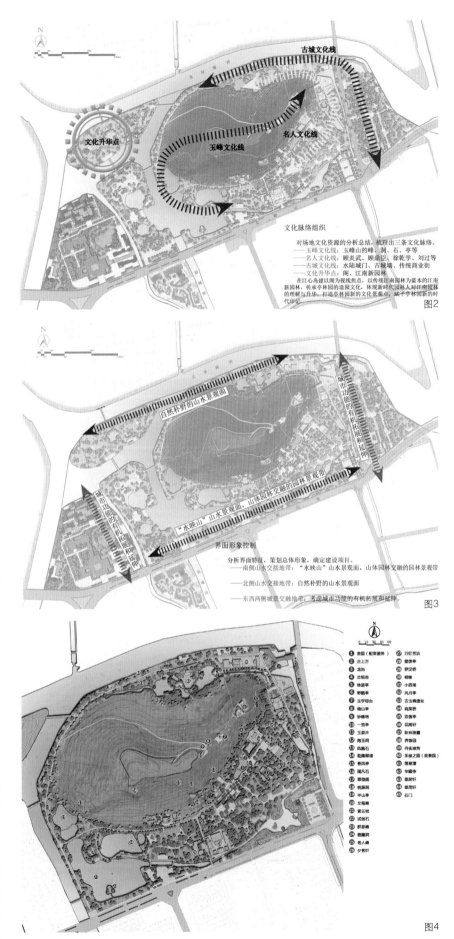

图2　文化脉络组织图
图3　规划策略图
图4　总平面图

过渡。公园北侧，梳理现有植被，局部打开现有绿篱，将亭林园与北环城河景观互融；恢复拱城门城墙，既成为亭林园北侧景观标志，又可登临城墙之上，与拱城桥城市景观互为对景（图 7）。将公园

图5

图6

图7

4 个界面根据与城市不同的交接关系，形成不同的与城市相融相生的界面特征。

（二）旧貌新颜，全面的文化展示

亭林园内部改造，总体设计以古《马鞍山图》为蓝本，山阳建筑星罗棋布、庭院深深，山阴流水潺潺、绿树夹道。山阳所布建筑，均以史料为据，重现百年古园之繁盛新貌（图 8）。

通过对基地山、水、城关系的分析，确定了"一核、两带、六片、四十八景"的规划结构。以玉峰山为整个亭林园的文化及景观核心，沿外围打造环山滨水景观带、环山园林景观带，形成东入口区、名人文化展示区、古城文化展示区、玉峰山林文化区、小西湖休闲活动区及江心岛文化区等 6 个片区。深入挖掘历史记载，恢复亭林四十八景，如绿竹居、桐榭（图 9）、翠屏轩、留云轩、翠微阁、拱城门、遂园（图 10）等，使亭林园百年园林旧貌新颜。

（三）城市名片，深入的文化挖掘

总体设计将亭林园独特的自然资源与文化资源借助园林的载体重点打造，使之成为昆山不可复制的历史名园、以高雅静赏为主要形式的生态休闲文化综合体，真正成为昆山一张新名片。设计以马鞍山山体为核心，打开视线廊道，突出昆石石峰之美，重塑昆石馆，展示昆石精品；通过环山滨水带的打造，扩大水域，漫天荷香，水映山形（图 11）；片植琼花，春季花团锦簇；遂园及昆曲馆重点打造成为昆曲展示的重要舞台（图 12）。此外通

图8

图9

图10

图11

图12

图13

图14

过对顾炎武馆、顾鼎臣祠堂、拱城水城门、桐榭、箓竹居等景点的打造，进一步恢复了亭林园历史风貌。

亭林三宝（昆石、琼花、并蒂莲）融于设计，进一步提升亭林园品牌，使其真正成为"二分春色在玉峰"的百年园林。

（四）功能完善，智慧的园林空间

新建桐榭、西入口公共卫生间（图13）、西入口、箓竹居售卖点（星巴克，图14），新增全园监控、背景音乐，完善基础配套设施。搭建园区智慧服务平台，实现智慧管理服务、电子门票系统及智慧手机游园的全新智慧游园模式，并通过智能查询机器人及智能扫地机器人等现代科技的引入，提升游客对智慧园林的进一步了解。

六、特色评述

亭林园界面的重塑，将园林融于城市之中，为城市创造了最美边界线，为昆山园林城市增添了浓重的一笔。新景点的打造与文化展示空间为市民提供了"先天下之忧而忧，后天下之乐而乐"的精神传承载体，昆曲展示舞台、活动交流空间的打造也为市民提供了更加优良的地方文化展示空间，给人以丰富多彩的艺术感受。通过一系列建设，亭林园也成了当地市民最喜爱的、最值得自豪的百年园林。

项目组情况

项目负责人：谢爱华　杨家康

项目组成员：沈思娴　杨　明　潘　静　贺智瑶
　　　　　　　朱　敏　邱雪霏　孙丽娜

江西赣州"中国稀金谷"核心区晓镜公园

中国建筑设计研究院有限公司／刘　环　齐良玉

摘要：本项目以基于自然的低碳景观和顺应自然的滨江公园作为设计理念，通过深入剖析现状问题，结合"中国稀金谷"未来发展方向，剖析"自然—城市—建筑—人"之间的本质根源与和谐统一的问题，提出针对性解决策略，从而构建一个自然生态与人文活力并存的滨江公园。

关键词：风景园林；滨江公园；低碳；设计

一、项目背景

赣州市位于江西省南部，是国家"稀土之乡"，素有"稀土王国""世界钨都"的美誉。为建设江西省生态文明先行示范区，赣州高新区升级为国家级高新区，举全区之力打造"中国稀金谷"。

"中国稀金谷"以赣州高新区为"主战场"，具体建设产业功能区、科研集聚区和综合服务区，为赣州经济的快速、可持续发展提供强有力的支撑。其中，"储潭科创区"是"中国稀金谷"发展的核心，定位为具有国际影响力的稀有金属产业创新高地，以科研创新、企业孵化为主，区域总体规划尊重山水格局，构成"向东——出世山水，向西——入世繁华"的瞬间转换，打造多样化的城市空间形象。本项目作为赣州稀金谷高新区的生态文明示范，将拓展"中国稀金谷"核心区的发展空间，进一步强化核心区的功能和作用。

二、项目概况

赣州市位于赣江上游，是以暴雨、洪水为主要自然灾害的地区，每年4—9月为汛期，洪水多发。

本项目坐落于"中国稀金谷"滨江岸线，紧邻赣江，赣江江面宽阔，水流量大，其沿岸有洪涝灾害隐患。本项目是大湖江国家湿地公园的"城市节点"，是中国科学院赣江创新研究院及稀金谷科技产业园区的生态后花园。设计范围长约2000m，最宽处约300m，设计面积约28万㎡（420亩）。

作为天然的城市生态廊道，本项目基地具有两面环山、滨江邻水、一河中流的环境特点，原场地从东往西面向河面基地高度逐渐降低，存在岸线垂直土坎，落差大、防洪标准低，威胁城市安全，且基地水绿不交接、场地亲水性差。

三、设计思路

（一）设计定位

以"基于自然的低碳景观和顺应自然的滨江公园"作为设计理念，旨在营造一个自然生态、活力开放的，融晓镜文化与高新区现代特色的生态活力型滨江公园。

（二）设计原则

（1）生态优先：因地制宜，尊重自然。充分尊重在地自然地理特征，通过系统性分析生态要素进行合理规划，分区域进行分时、分层、分段修复，贯通多级绿廊，实现区域水源涵养，保障安全，调节气候，改良土壤，美化环境，丰富生境类型，提高生物多样性。

（2）健康低碳：安全健康，低碳环保。一是尊重地形地貌特征，确保区域水环境及水安全格局；二是合理利用本土资源，充分利用当地物产材料及生态低碳材料，并选用地方本土植被及固碳植物进行合理配植，维护场地的健康、低碳与环保；三是充分考虑人的心理审美及安全需求，提供健康向上、持续协调的绿色空间。

（3）设计为民：融合城市形象、便民福利、文化展示等多方面需求，突出文体功能服务和新城生活气息，以开阔的沿江空间、多级的观江方式、舒适的滨江氛围，重新定义新城百姓水岸生活方式。

（三）设计策略

结合现有的在地要素进行系统性梳理与设计，通过六大策略解决场地问题，营造蓝绿交织、自然渗透的城市滨水廊道，实现雨水净化、雨洪调蓄、生物栖息、固碳释氧、净化空气、科普教育、运动健身、休闲娱乐、湿地活动等综合功能。

策略一：治水——满足行洪前提下，"河道"变"河溪"。在保障行洪安全前提下，巧妙融合水工设施及海绵设计，与公园其他水系联通，汇集公园内雨水与城市南岸河道汇水。

策略二：美岸——工程防汛体系+生态护坡设计。通过分层级打造工程防汛体系，形成4个不同层次滨水活力空间。

策略三：绿园——以河为轴、两脉一体的有机网络。以河为轴"织绿网"，完善水生态、植物生态两大脉络，呈现一幅水清、岸绿、景美的生态河流景观。

策略四：活城——合理的人车分流+丰富的慢行系统+活动。以城为脉，"协路网"丰富慢行系统和多元开放空间，结合生态科普展示及智慧互动设施，提高城市居民生活体验。

策略五：海绵——低影响开发，弹性防洪。融合多级海绵设施，汇集公园内雨水，形成完整的公园海绵排水蓄水体系，为城市打造弹性海绵体。

策略六：承文——本土文化挖掘，展现"储潭晓镜"之美及稀土特色。以文为脉，承古烁今，挖掘本土文化，传扬传统山水文化，继承活化"储潭晓镜"之美，打造赣州新兴稀土特色名片。

（四）空间布局

在公园整体设计的过程中，结合滨水带状空间特点，形成"一带、一心、六区、十景"的景观结构（图1）。"一带"为一条蓝绿交织、自然渗透的滨河海绵生态景观功能带；"一心"为稀金谷景观核心；"六区"为生态体验区、水岸汇聚区、健身康体区、形象展示区、湿地活动区、滨水休闲区；"十景"为芳草云容、百鸟栖屿、溪语桃花、翠柳花溪、水映杉林、万松听音、晓镜湖照、秋枫落影、雁渡苇荡、曲廊绕榕。

（五）功能分区

形象展示区：位于晓镜公园西侧，是晓镜公园门户形象区，规划芳草云容景点，以门户识别、停车入园、远眺观城、休闲游赏为主要功能（图2）。

生态观览区：自然基底条件最好的滨江区域，设计保留临岸天然生态岛，规划"百鸟栖屿"及"溪语桃花"两个主要景点。通过营造密林、疏林、生态塘、浅溪、草甸、滩地等生境吸引鸟类驻足，对生态科普教育、平台观鸟等生态互动设施与活动进行低影响的设计，着力保护鸟类栖息地不受人类活动的影响。

滨水休闲区：设计沿河溪蜿蜒而行的漫步道，提供丰富的滨水活动体验，区域内规划翠柳花溪、水映杉林景点，满足花溪观景、婚纱摄影、湿地游赏、观鸟拾趣、生态科普、林下休闲、骑行漫步等功能。

滨水活力区：为整个晓镜公园的核心景观区域，规划游客服务活动中心及市民活动广场，设置万松听音、晓镜湖照、秋枫落影3个主要景点，满足文化展示、艺术演绎、游船拾趣等功能。

水岸童真区：结合原有地形高差，植入青少年活动场地，分龄分段进行设计，将雁渡苇荡景点融

图1　总平面图

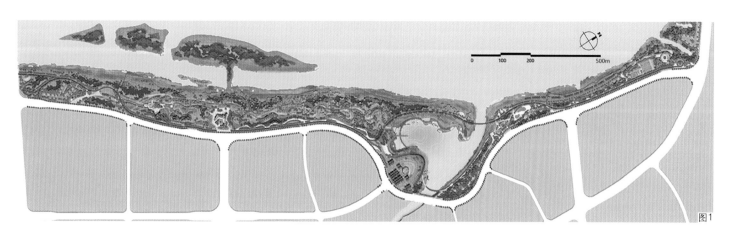

图1

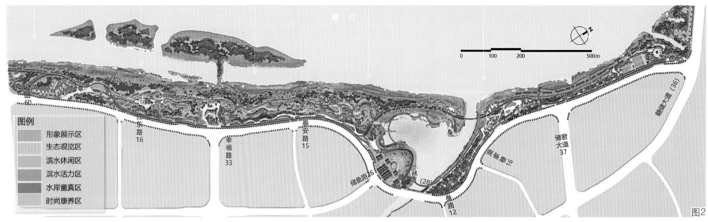

图例
形象展示区
生态观览区
滨水休闲区
滨水活力区
水岸童真区
时尚康养区

图2

图3

图4

图5

图6

图2　功能分区图
图3　鸟瞰图
图4　生态岛
图5　柳叶亭
图6　观鸟道

入童趣乐园，满足亲子活动需求。

时尚康养区：结合周边用地性质，设置活动场地，设计曲廊绕榕景点，引入智慧设施，满足入口形象、功能停车、文化展示、健身运动等功能。

四、设计亮点

亮点一：生态带——生态观览　百鸟栖屿

由生态岛、自然岸、海绵带、慢行路、野花溪组成滨江生态公园体系，形成自然野趣的生态游线和生物栖息的有利场所。最大限度地保护鸟类栖息地不受人类活动的影响，同时为人们提供良好的观鸟及摄影视角。通过水岸同治、治水造

景、以景促游，推进赣江岸线湿地化、生态化、景观化，助推城市生态旅游发展，成为区域观鸟胜地（图3～图6）。

亮点二：景观心——亲水休闲　晓镜湖照

以晓镜湖为核心，辐射周边城市功能，带动城市活力与土地增值，成为中国科学院赣江创新研究院落户稀金谷的支撑点。设置蓄水水闸汇集公园内雨水与城市南岸河道汇水，与公园其他水系连通，形成完整的公园海绵排水蓄水体系（图7）。构筑核心景观晓镜湖，使整个公园成为城市滨水缓冲带。结合湿地堤坝起到防洪治污作用，同时抬升的景观水位线解决了城市界面与滨江界面的落差问题和亲水问题。开放的水面与游客中心结合形成新区

城市客厅和绝佳的山水观景面，并回应赣州八景中的"储潭晓镜"，水面映照游客服务中心，是台之外的文化延伸（图8~图10）。

亮点三：活力岸——活力时尚　落影听音

根据不同年份防洪水位线对公园滨水空间进行分层分级，保证公园的正常使用需求。结合生态科普展示、慢跑步道等功能设施，形成生态水岸、休闲水岸、活力水岸、文化水岸等多重特色水岸空间，河与江在此处汇聚，水流淙淙、树木葱郁、鸟鸣婉转、活力怡然（图11、图12）。

亮点四：智创园——运动健身　智慧科普

以稀金文化、智慧科普、运动休闲作为公园的三类文化线路，成为稀金谷人才的后花园、市民的休闲地及新晋网红打卡点。公园以现代的设计手法在呼应传统文化的同时展现新赣州科技慧谷的智慧文化。在主体构筑设施的材质选择上采用白色金属材料，营造出轻盈灵动的科技美感。活动场地植入智慧互动设施，提高城市居民生活体验，激发创造灵感，令人耳目一新，公园成为游人寓教于乐、康体健身、驻足赏景的好去处（图13、图14）。

五、结语

项目以生态优先为理念，谋求"自然—城市—建筑—人"之间的和谐统一，实现"策划—设计—实施—运维"之间的有机衔接。建成后的"中国稀金谷"核心区基础设施晓镜公园增加了湿地面积约6.7hm²，雨水截留量约30%，年固碳量约474684.6kg/（年·m²），减少面源污染量约7390吨，吸引目标鸟类约44种，成为大湖江国家湿地公园的城市节点、中国稀金谷的生态后花园、赣州市民的休闲地及新晋网红打卡点（图15）。

项目组成员

项目负责人：赵文斌　刘　环

项目参加人：刘玢颖　齐良玉　冯凌志　刘丹宁
　　　　　　齐石茗月　刘卓君　盛金龙　曹　雷
　　　　　　李　甲　谷德庆

图7　调蓄闸　　　　　图12　滨水道
图8　水天一色　　　　图13　健身道
图9　夕阳西下　　　　图14　智慧园
图10　晓镜湖照　　　　图15　曲廊绕榕
图11　活力岸

云南西双版纳景洪回归雨林民族生态示范园综合规划

中国城市规划设计研究院／卓伟德　王泽坚　蒋国翔

摘要：西双版纳热带雨林面临着面积缩减、生境破坏、生物多样性降低等方面的威胁，本项目以回归雨林生态系统为总体修复目标，通过生态修复分区、雨林生境营造、民族生态文化修复以及地域特色景观设计等对策，探索热带雨林生态系统及生态文化的复合修复路径。

关键词：风景园林；综合规划；生态示范园；民族

一、规划背景

热带雨林是地球上物种最为丰富的陆地生态系统，作为全球北回归线附近最大的一片热带雨林，西双版纳热带雨林面临着面积缩减、生境破坏、生物多样性降低等方面的威胁。

根据我国《生物多样性保护重大工程实施方案（2015—2020年)》，西双版纳地区已列入我国35个生物多样性保护优先区域之一；2017年，西双版纳践行"绿水青山就是金山银山"理念，以景洪回归雨林民族生态示范园为抓手，瞄准建设"全球雨林修复生态示范基地、世界级热带雨林郊野公园"目标愿景，通过对热带雨林生态系统的保护与修复，积极探索西双版纳人与自然和谐发展的生态文明新样本。

二、项目概况

（一）区位特征

回归雨林民族生态示范园位于西双版纳州景洪市区北郊、澜沧江东岸的三达山地区，是连接西双版纳国家级自然保护区勐养子保护区与西双版纳原始森林公园勐仑子保护区的重要区域，总面积约36km²。

（二）地形与植被

20世纪50年代西双版纳地区的雨林覆盖率高达55%，但由于大规模"毁林种胶"，雨林系统遭到严重破坏，到21世纪初西双版纳地区雨林覆盖率已不足30%。三达山地区目前超过80%的林地为人工橡胶林，植被类型单一，生物多样性丰富度差，森林生态防护功能低；三达山海拔500～1400m，地形山高谷深，整体呈现"三谷三脊"的特征，其中坡度大于25°的坡地约占总面积的45%（图1）。

三、设计策略与创新特色

（一）雨林生境营造——因地制宜的雨林生态修复策略

本次生态修复工作以景观生态学、森林生态学、恢复生态学为理论指导，以退胶还林和天然林

图1　三达山现状橡胶林与村寨

图1

保护为根本任务，研究回归雨林民族生态示范区及周边热带雨林生态系统的空间关系，探索适地的雨林生态修复策略。顺应雨林生态系统的自然演替规律，在现有雨林生态修复技术的基础上，严格遵循以自然生态演替为主、人工干预为辅的方式，开展雨林生态系统保护与修复，促进雨林生态系统走向良性循环。

雨林生境营造过程包括林窗阶段、建群阶段和成熟阶段。通过间伐橡胶林形成林窗，结合生态修复分区中所要恢复的热带雨林群落类型，补充必要的群落建群种，在局部形成分散的雨林斑块；斑块逐步扩大形成初级的雨林生物链和植被群落，沿沟谷逐步形成线性生态廊道，连接分散的斑块，促进生境交流。为了缩短热带雨林生态系统恢复过程，采取必要的人工措施，清除或控制建群和成熟阶段的非热带雨林成分，为后续的热带雨林种群发展提供必要的前期生境条件。在自然演替与人工协助更新的双重作用下，区域生物多样性逐步提高，最终实现雨林生境的回归与重现（图2）。

雨林生境营造中植被选择坚持本土为主、定向培育、适地适树、生物学稳定性与可行性的原则，本次规划涉及回归雨林的两个植被型（热带季节性雨林、热带季节性湿润林）、4个群系组和9个群系。以望天树—常绿榆—绒毛番龙眼群落为例，结合热带雨林的植物分层特征，又分为乔木层、灌木层、草本层、层间植物等，如乔木层包括望天树、绒毛番龙眼、多花白头树、重阳木等，灌木层包括爱地草、柳叶箬、下延三叉蕨等（图3）。

（二）生物多样性保护——亚洲象生物栖息地保护与生态廊道链接

由于受到人为活动的影响，西双版纳正面临着生物栖息地急剧萎缩、生境破碎化、生物种群遗传衰退等问题。原来连片的热带雨林逐步被农田、城镇等包围，阻隔了热带雨林间正常的物种迁移和种群间的基因交流，对雨林生物多样性的保护造成了严重影响。

过去西双版纳对于亚洲象的保护主要是"孤岛化"栖息地保护与恢复，但在亚洲象种群规模不断扩大的情况下，难以保证象群获得更大的活动空间，因此区域尺度的生态修复迫在眉睫。为了连接孤立的栖息地斑块与大型的物种源栖息地，基于三达山海拔1100m以上保留较为完好的季风常绿阔叶林基底，规划提出构建2km宽的生物廊道，将热带雨林国家公园勐养子保护区与西双版纳原始森林公园及勐仑、勐腊与尚勇子保护区走廊串联起

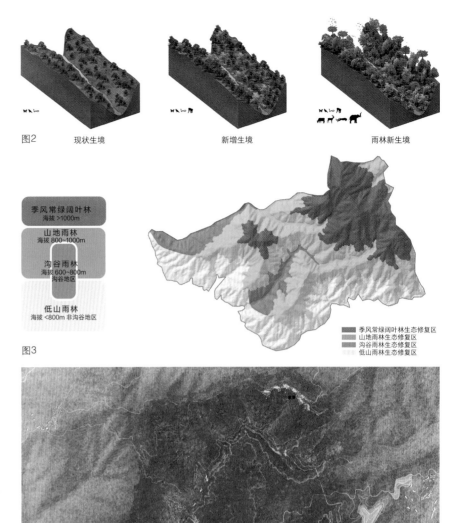

图2

季风常绿阔叶林　海拔>1000m

山地雨林　海拔800~1000m

沟谷雨林　海拔600~800m　沟谷地区

低山雨林　海拔<800m非沟谷地区

图3

现状生境　　新增生境　　雨林新生境

季风常绿阔叶林生态修复区
山地雨林生态修复区
沟谷雨林生态修复区
低山雨林生态修复区

图4

来，为包括亚洲象在内的多种热带生物构筑区域重要的生物廊道，达到连接生境、防止种群隔离和保护生物多样性的目的。

（三）在地设计——体验导向的地域特色景观设计

回归雨林民族生态示范园的生态修复目标不仅局限于三达山地区的雨林植物系统的修复，还包括地区本土文化的回归与社会网络的重塑。规划以"雨林+"的理念，以7个雨林修复分区统筹空间布局（图4、图5），体现热带雨林"生态、自然、科研、经济、文化"五大价值。规划设计从雨林回

图2　雨林生境营造过程
图3　生态修复分区图
图4　生态示范园启动区总平面图

图 5 生态示范园土地利用规划图
图 6 特色村寨景观节点

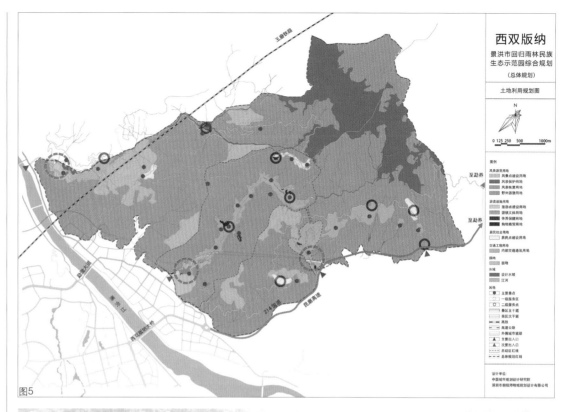

图5

图6

归的宗旨出发,突显西双版纳地域特色和发扬版纳文化中人与自然和谐共生的生态观。在充分解读本土多民族地域文化和村寨空间构型的基础上,规划对现有村寨进行建设引导和人文系统修复,打造"果、茶、药、田、寨、俗"六大体验节点,形成雨林活态文化链(图6)。

突出热带雨林立体分层的空间特色,通过打造人与自然相分离的"立体树冠之旅",既适应复

杂的沟谷地形,同时也给游客带来丰富的生态旅游体验。从时间维度体现雨林修复过程的"演替之路",引导游客感知不同雨林生境阶段的生态景观(图7、图8)。

(四)技术创新——生态服务价值定量评估

规划采用"生态系统服务功能综合评估和权衡得失评估模型"对热带雨林生态系统的服务功能

开展评估，建立西双版纳橡胶林生态经济价值评估指标体系，选取产品供给服务、涵养水源、固碳释氧、积累营养物、保育土壤、净化空气和生物多样性 7 个指标，对生态修复前后各用地类型的生态系统服务功能价值进行评估。生态服务功能价值计算结果表明，生态修复后总体生态服务功能价值提升约 22%，从水源涵养、固碳释氧、积累营养物和生物多样性 4 个方面考虑，成林热带雨林远优于橡胶林（图 9～图 11）。

四、结语

生态文明建设已经上升为国家战略，近年来全国多地开展的山水林田湖草生态保护修复成效显著。西双版纳热带雨林是我国最为典型和最主要的热带雨林分布区域，热带雨林保护与修复成为社会关注的热点。然而，热带雨林生态修复并非一蹴而就，它需要在生态技术、社会治理以及管理机制等层面不断探索与创新。

首先，在技术层面需要加强区域尺度的热带雨林生态安全格局研究，通过不断优化雨林格局，实现整体生态系统功能的最大化；其次，热带雨林生态修复难免会给以割胶为生的本地居民的生活带来影响，如何平衡好保护与发展的关系，让生态修复和生态旅游发展相得益彰也是需要重点考虑的问题；最后，雨林生态修复是一项长期且艰巨的工程，如何创新投融资机制，吸引社会资金参与，创造更具可操作性的生态修复运作模式值得创新与探索。

项目组情况
单位名称：中国城市规划设计研究院
　　　　　深圳市朗程师地域规划设计有限公司
项目负责人：朱荣远　王泽坚　卓伟德
项目参加人：劳炳丽　陈　侃　任　婧　蒋国翔
　　　　　　钟远岳　邱勇洪　曾　胜　陈　郊
　　　　　　钟广鹏　王希铭

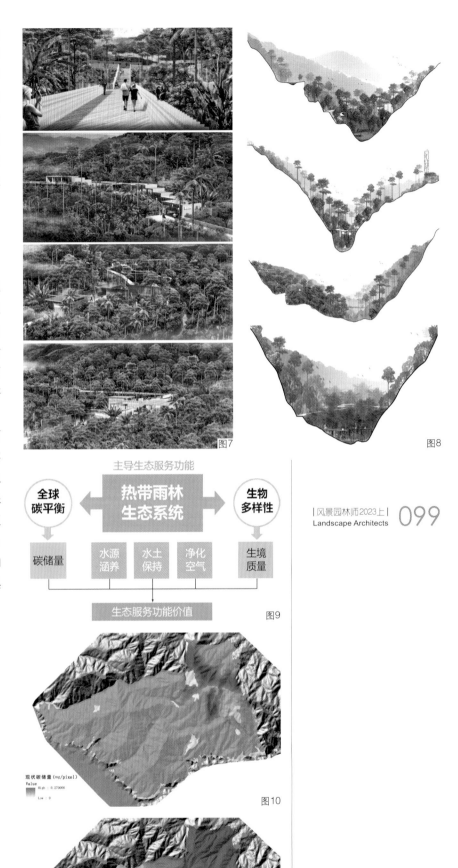

图 7
图 8
图 9
图 10
图 11

图 7　演替之路
图 8　适应地形的林冠步道
图 9　生态服务价值定量评估模型框架
图 10　现状碳储量分析
图 11　规划远期碳储量分析

广东省岭南和园设计

广州园林建筑规划设计研究总院有限公司／陶晓辉　梁曦亮　李　青

摘要：岭南和园设计以"山水、街市、人家"为主题，遵循北山南水、负阴抱阳的山水格局，将明清时期、清末民初、民国时期、新中国4个历史阶段的岭南园林设计语汇荟萃于一园，以"和园六景"展开一幅自然山水与城市和谐共融的水乡生活画卷。

关键词：风景园林；岭南园林；古典园林；和园

引言

岭南园林是中国传统造园艺术三大流派之一，在不同时期有着丰富的传承和创新探索。本文归纳中国传统园林和岭南古典园林的特色，考察各时代的岭南园林。项目设计过程不断推敲论证，营建历程精益求精，力图成就岭南第五大名园。

一、岭南古典园林

（一）寄情山水的中国传统园林

中国传统园林讲究情景交融、寓情于景，基于表现自然美为主旨的山水诗、山水画和山水园林来布置景点，遵循北山南水、山环水抱的格局，讲究起承转合、曲径通幽、移步异景的环境。

（二）岭南古典园林的特征

岭南古典园林以私家园林为主，围绕园主的生活起居、私人聚会，功能适应"雅俗共赏"的居家会客环境，空间布局讲究"小中见大"。设计由文人园主和工匠完成，有风水格局和营造法式的完整造园体系。

二、中西文化兼容下的近现代岭南园林

（一）中西合璧的民国园林建筑

清末民初，中国经历鸦片战争开放通商口岸到北伐成功。早期国外通商留学的国人见识到新奇的西方园林布局和建筑装饰，开始融入岭南园林建筑设计中，如罗马式拱形门窗、巴洛克柱头、规整形式水池、铸铁花架、修剪型绿篱等。民国时期，西风东渐，有西方现代工程设计经验的设计师创作了一批民国建筑。设计把传统文化和现代工程技术结合，东山洋楼、开平立园是其中典型代表，既有中国园林的韵味，又吸收了西方建筑的情调。

（二）新中国成立以来的现代岭南园林

新中国成立初期，设计为人民群众服务，设计思潮实现古典和现代并存，把岭南庭园布局与现代建筑相互融合，使设计既有传统内涵又有现实主义气质。最具代表的当数一批岭南园林式酒家，包括北园、泮溪。之后发展的现代城市公园，重视开放休闲空间，点缀亭台楼阁等仿古园建。设计是由风景园林师和建筑师完成。

三、岭南和园总体规划

（一）概况

和园位于顺德北滘，总投资3亿元。项目在一块360m×130m的狭长形地块展开，一条河涌贯穿场地，占地41749m²。规划容积率0.38，建筑密度不高于45%（图1）。

（二）设计理念

设计"因地制宜"地利用狭长谷地，通过造园勾起人们对宋代山水画繁华盛世的追忆，也有对

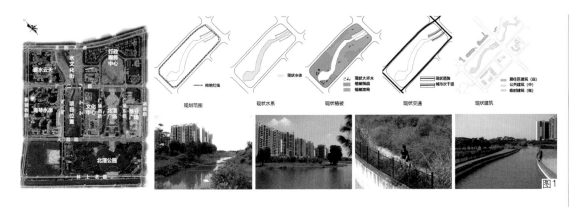

图 1 现状图
图 2 山水格局示意图
图 3 分区布局图

顺德水乡生活的品位。通过借鉴《千里江山图》的秀美山水、轩宇楼阁，《清明上河图》的繁华盛世、世俗生活，《富春山居图》的青山秀水、园林美居，设计以"山水、街苍、人家"为主题，遵循北山南水、负阴抱阳的山水格局，将"明清时期、清末民初、民国时期、新中国"4个历史阶段的岭南园林设计语汇荟萃一园，以"和园六景"展开一幅自然山水与城市和谐共融的水乡生活画卷（图2）。

（三）设计布局

自由多变的水系、规则与自然结合的理水手法是岭南造园的精髓。水系游走在山石林木轩阁之间，来无影去无踪。设计首先从理水堆山入手，把笔直的现状河涌绘成自然弯曲、开合变化的水系，两端筑坝，使涌变湖，提升水位，保障水质。其次在场地北侧堆山南侧推平地，区分山、水、庭3种空间，然后依次布置各具特色的和园六景。最后贯穿园路交通、绿化设计、小品点缀、配套设施等设计。

（四）设计分区

和园分区布置了4个历史时期的岭南园林。第一阶段明清时期：园林以宅居园林居多，如私家庭园和岭南书院。设计追求居住环境的舒适和富有情趣，水石庭园应运而生，书院、祠堂、私塾相伴，融生活、文教、游憩于一体。第二阶段清末民初：设计把现代建筑与本地湿热气候的传统建筑相结合，装饰西方古典建筑细节，使设计独具岭南特色。同时由于岭南地区水系密集，水乡民居形式丰富多变。第三阶段民国时期：设计将中西建筑融合起来，建筑及园林以更多欧洲古典柱式、套色玻璃为装饰，以砖石、混凝土为材料，外观多采用中国传统建筑风格和本土民族风格的装饰图案。第四阶段新中国时期：设计倾向新中式现代岭南园林，如酒家园林，强调公众开放与休闲的功能以及建筑室内空间与室外园林空间的渗透融合（图3）。

四、和园六景

（一）同聚芳华——和园大门

和园大门由开敞大气的门坊和照壁组成二进式大门。顺德"祠堂"文化悠久闻名，大门设计是一个致敬顺德祠堂特色的文化地标。通过遍访当地多个祠堂，设计最终借鉴龙江察院陈公祠和乐从何氏大宗祠融合牌坊的独特形象头门，三开间、前歇山后硬山屋顶、莲花托斗栱、灰塑龙船脊（图4）。

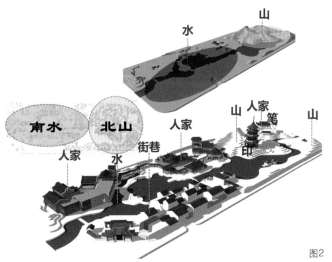

图2

图3

图4

曲廊　仁心樹　石上飞榕　翰林楼

图5

图4　同聚芳华
图5　水庭设计
图6　翰墨荟萃
图7　骑楼街设计
图8　艺韵荷风

筑为群英堂，两边以偏间、廊庑围合。堂前置奇石和罗汉松手植树。

水庭为私家庭园，借鉴海山仙馆和余荫山房，设计一座水石庭，以石代山、咫尺山林，融入古典园林的置石理水、假山飞瀑、连廊花窗、水阁船厅、石上飞榕、奇花盆景等元素（图5、图6）。

（三）艺韵荷风——清末民初水乡民居和骑楼街市

"艺韵荷风"以水乡民居与骑楼街构成景观空间形态。园内水乡民居以杏坛逢简水乡为蓝本，有街、里、巷、井、埠头等，错落有致的几间民宅之中藏有一座镬耳墙式两进祠堂，是仿何氏宗祠而建。骑楼外街立面借鉴广州西关骑楼，采用青砖、红砖、石米、石材等多种外立面材料，欧式梁柱、装饰琉璃花樽的平屋顶搭配中式亭，不拘一格的形式展现着清末民初中西合璧的建筑特色。骑楼和民居可做工艺展览、轻餐饮、手工作坊等使用，打造富有顺德水乡生活气息的文创艺术街区（图7）。各式各样的园桥，如板桥、折桥、曲桥、拱桥、廊桥、亭桥、塑木桥等，令游客能在游园中感受到顺德古桥文化（图8）。

（四）云岫精庐——民国风格的岭南庭院

"云岫"寓意园林地势高远藏于山间，"精庐"形容庭院精致高雅。为了满足功能上兼备展览厅和办公的规模需求，又不失藏于山水之间的意境，设计采用半覆土和假石山结合，把建筑首层藏山石水

图6

图8

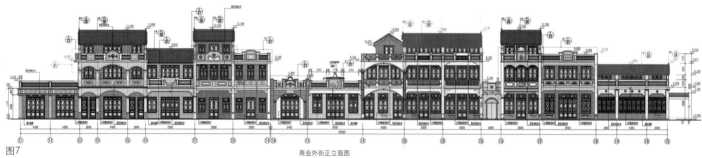
图7　商业外街正立面图

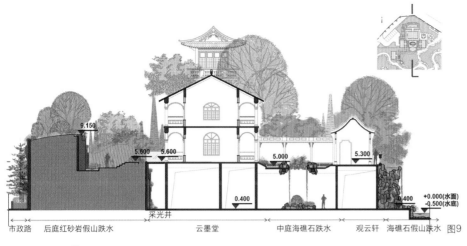

9.150

5.600 5.600

5.000

5.300

0.400

0.400 +0.000(水面)
-0.500(水底)

采光井

市政路　后庭红砂岩假山跌水　　　　　云墨堂　　　　中庭海礁石跌水　观云轩　海礁石假山跌水　图9

+12.0

+11.2

+4.1

±0.00

-0.8

+10.8

+12.1

+11.2

+12.1

+4.2

+8.2

±0.00

图10

图11

图13

帘之中，制高点云峰楼采用邀山阁形式，融入开平碉楼的装饰细节，高楼、璧山、飞瀑寓意和园画卷的起笔（图9）。

（五）珍馐百味——新中式现代岭南园林

在此景点处设计了一座园林式餐厅，采用通透轻巧、现代简约的手法，将庭院紧凑集中于全园西侧。庭院强调建筑室内外园林空间的渗透融合。临水大厅面向内湖，建筑立面采用大面积采光落地玻璃窗，为避免建筑体量过大影响周边园林环境，湖中筑长堤分隔遮挡，同时丰富了湖光山色。中庭设计在连廊围合之间置一临水包厢于水中，配彩色满洲窗、叠石、涌泉、植物。独立包厢设计以分散式置于园林绿化之中（图10、图11）。

（六）玉铃云阁——"和"印

基于海礁百态、印阁飞瀑打造以"和"为内涵的"岩石花园"。"和"印是通过奇石置出形似"和"

字的水径，寓意和谐美好。玉铃云阁位于礁石花山上，登阁可俯瞰全园，阁内漆金木雕可媲美碧江金楼。阁后花溪叠水，各种珍稀茶花、罗汉松环绕（图12）。

五、结语

岭南和园设计是当代振兴传统文化的重要探索实践，让中国园林艺术焕发新的活力。古典园林曾被认为是"私家奢侈品"，随着粤港澳大湾区经济的发展，为满足人们对美好生活向往，当代创作的岭南园林将成为"公众奢侈品"，既是对传承的执着追求，也是对创新的大胆尝试（图13）。

项目组情况
负责人：陶晓辉　梁曦亮　李　青
主要设计师：林兆涛　林敏仪　文冬冬　马　越
　　　　　　严锐彪　陆茵然　姚诗韵

图9　云岫精庐设计
图10　珍馐百味设计
图11　珍馐百味
图12　玉铃云阁
图13　和园全景

曹杨百禧公园

上海市园林设计研究总院有限公司 / 王希智

摘要：曹杨百禧公园对社区中废弃闲置空间赋予新的使用功能，实现城市更新。其具体手法分为以下3个方面：原有空间记忆的保留与延续；生态、生活、景观等层面的"缝合"；以新理念、新技术赋予环境新的生命。此外，本项目以立体多层次的空间形态进行设计，为高密度发展、土地稀缺的城市开放空间建设，提供一个可探索的方向。

关键词：城市更新；曹杨新村；高线公园

一、项目缘起

曹杨百禧公园的前身是真如货运铁路支线，后作为曹杨铁路农贸市场和综合市场，2019年市场正式关停。

为庆祝建党一百周年及曹杨新村建村七十周年，把握举办2021年上海城市空间艺术季契机，上海市普陀区以"文化兴市，艺术建城"为理念，对这条长达1000m的闲置空间进行打造（图1）。

二、基地情况

基地为一条狭长形带状空间，中央被市政道路兰溪路分割为南北两段，周边多为老旧居民小区。原本的市场功能移除后，整体场地呈闲置荒废状态，成为城市中的一个死角、一个断裂分割带（图2）。

三、设计理念

面对基地现况狭长形的空间结构，百禧公园利用立体高线的形态，形成多维度的开放空间，打造多层次的复合绿地环境。在空间特色上，打破基地既有限制，为开放空间的使用赋予更多的可能性（图3）。

项目通过"创新、协调、绿色、开放、共享"等原则，塑造空间的流动性与互动性，构建"长藤结瓜、绿蔓曹杨"的空间格局。使缺乏开放活动空间的高密度城市，通过闲置空间的多维度形式进行改造、活化，形成具实践意义的一种空间使用模式。

图1 由闲置空间改造转型的百禧公园
图2 基地原为市场拆除后的闲置荒废带状空间

图1

图2

图3 图4 图5

图6 图7 图8

图9 图10 图11

四、空间实践

已拆除的曹杨铁路市场可视为一个逝去的"城市DNA片段",百禧公园的打造,便是一个"城市DNA"的激活过程,包含了"记忆、缝合、新生"3个层面:

(一)记忆

保留真如货运铁路与曹杨铁路市场的历史,将现存的市场铭牌、体现市场摊位格局的老墙保留(图4),曹杨新村已不存在的一些环境元素也通过马赛克拼贴的方式以铺装的形式重现(图5),局部节点以"月台"形式重新诠释铁路记忆。

(二)缝合

结合"生态、生活、景观"三元素的缝合:

1. 生态

将基地与周边绿意盎然的小区环境紧密联系,使生态流得以通过项目基地与周边小区串联流动(图6)。此外,项目也通过立体绿化等手法,尽可能地为整体场地增添绿意(图7)。

2. 生活

通过慢行系统贯穿全区,形成长达近1km的优质绿道空间,增加居民的交流互动环境(图8);营造全区的无障碍环境,打造邻里友好的生活场域(图9);通过活动导入,为社区带来更多的活力与烟火气。

3. 景观

发展具新气象的景观环境,为老社区带来新的风貌,进而带动区域景观的提升,展示出新的形象与风采(图10)。

(三)新生

项目融合了新科技与新思维,实现5G网络覆盖,并应用数字孪生城市理念,将园区中的导览解说、便民服务、社区公告信息等,以网络形式承载于虚拟的数字孪生公园当中,以新兴科技服务居民与游客(图11)。

图3 通过利用立体高线的形态,打造多层次的复合环境

图4 保留原菜场墙体改造为一道公共艺术景墙

图5 将曹杨新村曾经的环境元素作为马赛克拼贴铺装的主题

图6 项目中的绿化环境与周边小区进行紧密的联系

图7 通过立体绿化等方式尽可能地为项目增添绿意

图8 贯穿全区的慢行系统,形成优质的绿道空间

图9 打造无障碍环境,形成各个组群使用者都适宜的活动场所

图10 项目通过闲置空间的再利用带动周边景观的提升

图11 结合网络功能的蜂窝数字休憩景亭

图12

图13

图14

图15

图16

五、空间结构

本项目将长约 1km 的带状线性空间以"多维立体高线"的复合化形式,发展出"一廊、两翼、六区、多景"的空间结构。

一廊:具多样功能的立体通廊。依据相对标高的高程可以分为:-1m、0.0m、+1.4m、+3.8m、+4.5m 等多个层次,将平面化的基地发展为立体多维度的空间,其间可导入展览、演出、休憩等多种活动功能(图 12)。

两翼:以基地中段与兰溪路交接处为中心,可以分为南翼与北翼的两个大片区的延展空间。北翼部分偏向文化与形象展示,以及可举办艺文演出的展演空间;南翼则提供了更多的休憩功能、林荫空间(图 13)。

六区:依据不同的特色以及功能属性将基地划为历史记忆核、市民花园、居民服务体验区、全龄综合活动区、城市艺廊、城市 T 台等六大分区,通过 6 个区域不同的属性提供多样化的休憩体验(图 14)。

多景:于场地中布置多个景点,满足民众使用、点亮立体高线、展现创意生活、串联社区活力(图 15)。

六、结语

百禧公园于 2021 年 9 月 25 日开放使用,作为 2021 年上海城市空间艺术季的主会场,项目开放后便受到周边居民、社会各界及新闻媒体的关注。通过后续城市更新机制的建立发展,百禧公园将形成一幅可传承的画卷,而项目本身的实践过程则可视为上海城市保护更新形式的一种新探索(图 16)。

项目组情况
单位名称:上海市园林设计研究总院有限公司
　　　　　刘宇扬建筑设计顾问(上海)有限公司
　　　　　上海现代建筑规划设计研究院有限公司
主持景观师:刘晓嫣
项目负责人:王希智　邵　敏
主要技术成员:张小清　贺雅婷　姚振男　杨文静
　　　　　　　刘　爽　孙少宇

"昆小薇"

——江苏省昆山市隐园、耘圃等口袋公园设计

上海亦境建筑景观有限公司／刘　冰　荆旭晖

摘要：本项目为昆山市"昆小薇"行动的首批示范点，旨在打造老城区的"活力街巷"和"魅力街角"。设计巧理边界，提升了城市街区的可步行性；复合功能，提升了小微空间的可体验性；活化资源，提升了老旧城区的可阅读性；共享共治，提升了城市更新的可持续性。以"小投入、大改变"，提升了老旧城区居民的获得感与幸福感。

关键词：风景园林；口袋公园；全龄友好；协同设计

一、项目背景与概况

面向快速城镇化带来的"老城区城市文化记忆淡化、公共空间供需矛盾突出"等问题，昆山市启动了"昆小薇·共享鹿城"微更新行动计划。本项目作为该行动计划的示范项目，通过小微公共空间"针灸式"的更新，以"点"带"面"活化城市街区。探索了"设计＋管理"的共治共建耦合路径，引导公众代表全过程参与，以"小投入、大改变"引起社会和政府的积极反响，提升了老旧城区居民的获得感与幸福感，推动了"昆小薇"行动的高标准起步与体系化建设。

项目位于昆山市老城区致和塘与后街河组成的"T"字形水轴两岸，总面积6736m²。项目所在的区域自宋代起，即为昆山旧址新阳县城的核心商业贸易区，周边尚存街巷里弄、文人旧宅及私家园林等历史文化资源，历史底蕴深厚（图1）。

二、难点与挑战

本项目针对以下3方面的难点开展设计探索：

（1）如何对现状资源进行有机更新，满足基本功能需求，营造社区生活与休憩空间相融合、功能与特色于一体的社区公共空间？

图1

图1　项目区位与周边资源分析图

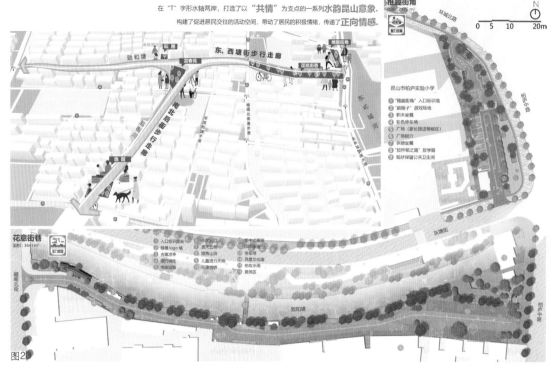

图2

图3

图4

（2）如何在老城市高密度社区的有限空间内合理布局，探索营建江南水乡文化特色与景观趣味性兼具的小微空间？

（3）如何通过设计引领多个利益方参与，推动社区公共空间治理全过程人民民主建设？

三、理念与特色

项目以"全要素、人本化、精准化、精致化"为目标，打造老城区的"口袋公园""活力街巷"和"魅力街角"。设计有三大创新点：

（一）全要素塑造特色街巷风貌，打造全龄友好型共享空间

1. 通过巧理边界，提升城市街区的可步行性

花意街巷、稚趣街角、耘圃、隐园是亭林社区步道体系"T"字形轴步道体系的重要节点（图2），利用小区围墙、水榭廊架、月洞门以及色彩鲜艳的主题标识（图3），增加狭小U形街道的景深和街景层次，提升了社区步道的舒适性和友好性。

2. 通过复合功能，提升小微空间的可体验性

结合场地功能与光照条件，采用"疏林透光微整容"方式，打开视线，"针灸式"介入，活化林下空间；沿学校围墙辟出"拉杆箱之路"及学生的活动场地，利用边角地辟建供家长休憩的空间（图4）；科学整合散乱停车区域，分时利用，日间对社会开放、夜间满足小区居民停车需求。

（二）精准化保护现状资源，精致化营造叙事性景观场景

1. 保留与更新，提升空间品质

修复现状水井，利用现状块石，或围石成坛，或点石成景（图5），辅以石阶、汀步、花境，营造精致而优雅的小微花园；于林下覆盖耐阴地被及彩色覆盖物，构建多姿多彩的儿童活动空间（图6）。

图5

图6

图7

图8

2.现代与古韵，将文化记忆融入小微空间

以钢材塑"形"，以地域文化为"意"，或水榭粉墙（图7），或垒石花阶（图8），形成"半石半亭皆为景、一草一木皆是情"的江南园林意境（图9）。

（三）共治共建——协同设计与营建，提升社区公共空间更新的可持续性

由建设方和设计方牵头，集合社区、利益相关单位、居民代表探索了"设计＋管理"的共治共建耦合路径，以及"设计过程参与＋实施过程参与＋建成后评估参与"的评估模式（图10）。

设计以景观设计师的社会责任感，关注普通市民在城市狭缝里的平等生活需求，为他们创造优质、长效、低成本的公共开放空间。项目最大程度地存留了昆山老城区的生活记忆，或就地取材，或沿用原有材料，营造古今交融的生活场景，满足社区居民多样化的日常活动需求。项目建成后，以"小投入、大改变"引起当地政府和社会的积极反响，提升了老旧城区居民的获得感与幸福感，推动了"昆小薇"行动的高标准起步。

项目组情况
单位名称：上海亦境建筑景观有限公司
　　　　　上海交通大学设计学院
项目负责人：王　云　汤晓敏
项目参加人：蒋　锋　刘　冰　陈路路　陈静宜
　　　　　　张思维　荆旭晖　姚素梅　薛　雷
　　　　　　杨　敏　张　亮

图9

图10

景观环境是近年众说纷纭的时尚课题，一说源自19世纪的欧美，一说则追记到古代的中国，当前的景观环境，属多学科竞技并正在演绎的事务。

持续的改造与更新

——浙江杭州龙坞茶村（上城埭村）综合整治设计

中国美术学院风景建筑设计研究总院有限公司／沈实现　何　洋

摘要：本文以杭州龙坞茶村的整治改造为例探索中国美丽乡村的建设途径和方法，从总体设计和节点设计两个层次展开论述，记录了设计团队八年来对龙坞茶村的逐步改造和更新过程，并尝试了现代设计语言应用于乡村景观的探索。

关键词：风景园林；杭州市；"美丽乡村"建设；现代设计语言；景观设计

一、缘起

龙坞茶村位于杭州市西湖区龙坞风景区内。村域总面积 2.8km²，核心区 47hm²，共有农户 335 户。本项目以风景园林为统领，包含管线综合、路网改造、建筑改造等。我们改造的初衷是还原真实的山水环境，解决村民的栖居困境，同时也希望在局部节点能有一些探索和尝试，用现代的设计语言来表现当代乡土之美。

本项目自 2014 年开始进行总体整治，2016 年二十国集团领导人第十一次峰会召开前完成初步整治，并被评为优秀勘察设计项目。之后，设计团队扎根乡村，持续进行景观与建筑风貌的改造与更新，

迄今已 10 年，原来那个到处违章搭建、污水横流的小山村已成为风景优美、环境舒畅的美丽乡村。

二、总体设计

还原真实的山水环境，对道路、植被、水系作梳理和优化，使之更具隐秀气质。回归真实的乡村环境，不回避现代生活的需求，通过立面、色彩、材料、植物多元素的整合，达到多元共存、和而不同的效果（图 1、图 2）。

中心街以茶村生活、茶乡风景为设计方向，主要营造人文之美。对现有破败的街巷进行整体改造。在中心街保留原有的古亭和老树，整体增加木

图 1　总平面图

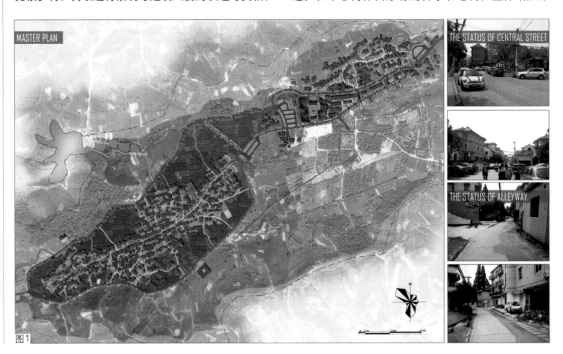

MASTER PLAN

THE STATUS OF CENTRAL STREET

THE STATUS OF ALLEYWAY

图1

平台，形成街心广场。以亭子为中心，下设流水纹，寓意高山流水，在木平台和流水纹上散置假山石，既是水中矶岛的意境营造，也是村民闲坐的户外坐凳（图3、图4）。

同时，对村庄周边的环境进行统一整治。包括对现有沿村道路进行改造，增加候车亭等设施小品，在传统山水画平远的意境中营造悠然闲适的景观格调（图5），并串联茶山游步道、竹林小径等，希望让游客进入真山真水的大环境，近距离地感受美好的茶乡风情。

三、入口广场设计

龙坞地区曾有蛟龙撞开山崖取水救助百姓的传说，而我们希望这种文化附会在景观中若有若无、离形得似。

在施工过程中，村入口现场的远山和茶田让我们联想起宋代画家米有仁的《潇湘奇观图》，我们把奇观图中的山势抽象为景墙，延续背后群山的绵延之势，围和出广场空间。

同时，我们用参数化语言来体现"龙文化"，景墙如同龙脊，左右摆动，或为小桥，或为平台，或为月洞门，引导人们感受这青翠茶田、空蒙山色。龙得水则灵，但农村广场的水体极易缺乏维护而成为死水，因此我们借鉴日本的枯山水，以树脂浇砾石形成流水纹表达水之律动，使地面铺装与景墙立面相呼应。

在景墙的设计中我们主要用参数化等软件进行细节的推敲，对墙体扭动设置了 20% 的 Z 轴偏心，为青砖肌理编写了速率感较强的波纹纹样。在具体施工时，因乡村施工队没有在三维空间放样的技术和设备，我们取消墙体偏心摆动，变更为垂直地面，同时简化干扰纹样，改成直线，这样只需要用细绳绷直即可放样。

经过设计师和施工人员的共同努力，入口广场建成后成为村民和游客最爱停留拍照的场所，虽然他们未必能读出"龙隐于坞"的文化，但只要人们在这里能够蓦然感受到茶山叠翠的隐逸与旷达，就接近我们所追求的离形得似了（图6、图7）。

四、乡村文化礼堂设计

2017 年夏，我们开始在原来中心街上倾塌的包装厂基址设计乡村文化礼堂。礼堂用地面积 1825m²，总建筑面积为 2280m²。功能上充分考虑村民的需求，设置了文化传承馆、文化讲堂、村民

图2 改造后照片

活动室、阅览室、医务室等。

因为整块用地呈"T"字形嵌入中心街，南北狭长，东西局促，特别是面街的主入口面阔非常小，并且在狭小的入口处还设置了一个变电房，给设计增加了很多困难。最终的设计以合院为基础结构，在合院中间形成两个活动中庭，同时以连续的坡顶把前后两进建筑联为一体，用一个绵长的单坡顶顺接到街道，引导入口空间。

图3

图4

图5

图2 改造后照片
图3 保留现有亭子改造的街心广场
图4 原有亭子与流水纹铺装
图5 改造后沿山路景观

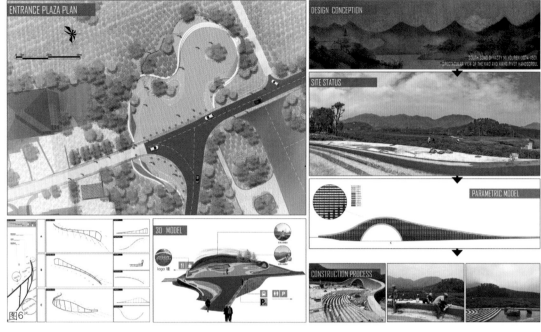

图6

图7

图9

▲ 场地现状

图8

▲ 设计模型

图10

五、茶山游步道入口设计

在龙坞茶村，连绵的茶山是村里最常见也是最美的风景，在 2016 年的改造中我们已经完善了串联茶山的游步道。2021 年伊始，我们又着手茶山游步道入口的设计，希望强化茶山入口的辨识度，让入口成为游客和村民体验和感受茶山之美的"催化酶"。

方案的总体原则是素雅低调，以几块置石和一个小门头围合成从道路过渡到茶山的小空间。门头以现代语言抽象表现斗栱木作体系，柱子采用耐候性较好的仿木纹铝合金，屋面采用铝镁锰这种轻质现代材料，在降低维护成本的同时增加轻盈感、现代感和辨识度。

门头周边通过 5 棵乌桕树让入口获得一种围合感，乌桕树弯曲并向上伸展，充满生命力，在茶山横向的线条感基础上增加竖向元素，同时也提高茶山景观的秋色叶表现。入口铺装则延续了村内流水纹做法，极具特色。

改造后的茶山入口风貌显著提高，成为茶山大地景观中画龙点睛的节点（图 10）。

在建筑材料上主要以杭派的青砖灰瓦为主，并配以木质格栅。同时在立面的细节上也作了一些砖砌纹样的探索，增加生动性（图 8、图 9）。

六、新自然主义花境设计

龙坞茶村在 2020 年获评全国文明村，2022 年村委会决定在入口广场对面做一个文明村 logo 标识。设计团队在完成 logo 标识设计后，围绕标识和入口广场约 290m² 绿地又进行了新自然主义种植的探索。首先以 5m 为一个单元格，定下核心植物、基底植物和散布植物，并考虑季节性主题，然后进行动态的排列组合，最后对边缘区域进行整合和调整（图 11）。

施工过程才是设计真正的开始，施工公司采购来的花材和我们提供的苗木表在具体品种、颜色和株高上都存在较大出入。如原设计中的苍白松果菊被替换成了盛会系列松果菊，前者高挑，花瓣狭长较为灵动，后者株高较矮，较为敦实，有着截然不同的形态。再比如原设计中的蓝花鼠尾草被替换成了蓝霸鼠尾草，两者开花时同为穗状花序，颜色亦较为接近，但叶片却并不相同，后者的叶片更为宽大，作为基底植物宽大的叶片存在感过强。经过多番商讨，最终用千叶蓍替代了盛会系列的松果菊，保留了蓝霸鼠尾草，按照原来设计的大原则进行花材的现场调整和变更（图 12）。

总体来说，建成效果在可接受范围内，高低的层次、色彩的搭配、竖线线条和横向叶片之间的对比关系基本实现了。略有遗憾的是原方案中种植直接延伸到路边，以锈钢板嵌条界定边界，后来因为管理需要改为仿竹篱笆，缺少了一种沉浸感。

从初夏到深秋，松果菊、千叶蓍、蓝霸鼠尾草、墨西哥鼠尾草次第盛开，此起彼伏，真正体现了自然的季节之美。

七、结语

乡村的整治和改造不是一朝一夕可以完成的，很多"运动式"的美丽乡村改造只会破坏乡村原本朴素安宁的底色。真正的乡村设计需要设计师扎根乡村，从规划到设计，从方案到施工持续跟进，汇涓流而成江海，积跬步以致千里，以岁月之功慢慢沉淀出乡村之美。

我们对龙坞茶村的改造已持续了 8 年，以村容风貌的更新带动产业升级，先后获评国家 4A 级旅游景区、全国"一村一品"示范村、全国乡村旅游重点村、全国文明示范村，络绎不绝的游客给村

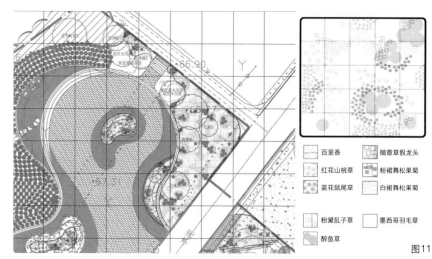

图11

图12

百里香　随意草假龙头
红花山桃草　粉裙舞松果菊
蓝花鼠尾草　白裙舞松果菊
粉黛乱子草　墨西哥羽毛草
醉鱼草

民带来了实实在在的经济效益。《人民日报》《浙江日报》、新华社、中央电视台等媒体均有报道，吸引全国各地政府人员和美丽乡村建设从业人员前来参观考察，设计团队也陆续获得了包括国际风景园林师协会、中国美术家协会、浙江省风景园林学会等颁发的各种荣誉证书。

龙坞茶村仅仅是中国 260 多万个自然村中的小小一员，希望我们的探索能为中国的"美丽乡村"建设贡献微薄之力，祝愿祖国的乡村更美好，村民更幸福。

致谢

感谢本项目设计顾问郑捷先生，感谢北京知非即舍设计机构耿欣先生对于花境设计的热情指点和帮助。

项目组情况
单位名称：中国美术学院风景建筑设计研究总院有
　　　　　限公司
项目负责人：沈实现　何　洋
项目参加人：李　瑞　方　芳　朱胜忠　郎雄飞
　　　　　　杨晓峰　王思思　王孔善　陈立峰
　　　　　　梁杭斌　骆恩光

图 11　新自然主义花境设计平面
图 12　新自然主义花境建成实景

从苏北渔村到网红文旅小镇

——江苏盐城沙庄古村临湖及村口片区文旅工程

摘要：江苏省盐城市建湖县沙庄古村文旅小镇的建设，以"原乡感、乡土感"的苏北水乡风貌为基础，将当地特色淮剧、杂技等融入其中，以文旅为魂、景观为底，打造独一无二的特色文旅小镇。
关键词：风景园林；乡村振兴；文旅小镇；环境整治

九龙口又称"沙庄"，位于盐城市建湖县西翼射阳湖畔，是里下河地区一处拥有"鱼米之乡"美誉的天赐宝地。这里依水傍湖，河环荡绕，水运年代是重要的水陆码头。国家级非遗文化淮剧兴盛于沙庄，随着过往来客流传到四方。建设淮剧小镇、发展文旅产业，这里有着得天独厚的优势和基础条件。

一、设计理念及总体布局

淮剧小镇以九龙口沙庄村为基础建设，设计过程中保护村庄的生态格局、建筑风貌及街巷肌理，形成小镇原生态的物理空间。设计挖掘当地特色传统文化，将淮剧、杂技作为文化灵魂融入小镇之中，以湖荡生态观光、文化展示与体验、休闲度假以及传统生活居住为主要功能，打造一个秀美精

致、生态古朴又具有鲜明文化特色的旅游目的地，打造淮剧小镇新型文化品牌。

淮剧小镇总体布局分成3个片区：村口片区、核心片区和临湖片区（图1）。此次建设的村口和临湖片区为一期工程，位于村庄东西两侧，占村庄总面积的40%左右。村口片区以游客接待中心、九龙九院民宿、商业街和粮仓艺术中心为主，临湖片区以临湖观景、宗教礼佛、餐饮及民宿功能为主。从已建成的效果来看，构建起了"戏在村里，村在戏里"的独特形象和"村在荡中，荡在村中"的独特空间风貌（图2）。

二、水系营造

沙庄三面环水，一条主街将村庄分为南北两个部分，曾经这条主街也是河道，民居沿河而筑，鳞

图 1　鸟瞰图
图 2　村口片区局部航拍

114 |风景园林师2023上|
Landscape Architects

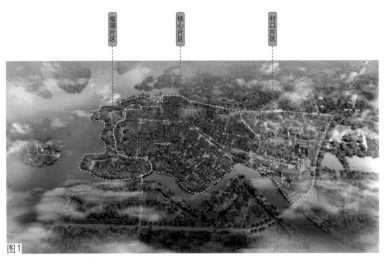

图1

图2

次栉比，别有一番韵味。设计秉承"村在荡中、荡在村中"的理念，做大水文章，在临湖与村口设置取水点，形成两处较为开敞的水面，通过还原的主街河道将两个湖面连接起来，构建村庄内部主水网体系（图3）。同时向村庄内部拓展水系空间，重构建筑与水体的关系，形成河、湖、溪、岛、湾、港等纵横交错、丰富的水系肌理，并通过跌水小景、瀑布等形式增加水体的动感，营造水、镇一体的景观特色（图4、图5）。

三、植物营造

沙庄位于九龙口国家湿地公园核心区，万顷芦苇荡形成"九龙戏水"的景观格局最终汇聚于这里，是风景区最具特色的自然景观。

设计做足湿地特色，彰显生态感，凸显原乡感，延续芦荡风貌。水中遍植本地芦苇，与九龙口国家湿地公园互相呼应，局部点缀再力花、美人蕉、水葱、菖蒲等水生花卉，增加景观的精致感（图6）。路边丛植狼尾草、花叶芒、细叶芒等乡野地被，与沧桑古朴的建筑、老砖铺砌的园路、自然肌理的老石板、古亭、古塔相映成趣（图7）。

房前屋后、广场上、水池边，点植高大乔木，如朴树、水杉、乌桕、榔榆等乡土树种，注重树形的自然生长和树冠的完整性，林下点缀开花小乔木，如樱花、碧桃、木芙蓉、紫薇等，打造丰富的植物季相变化（图8）。

图3

四、建筑营造

"建新如旧、修旧如旧"是小镇建筑风貌的真实写照，建筑参照苏北里下河地区民居特色，采用老旧青砖，老底子的砌筑工艺，门楣、屋脊、花窗等建筑细节都来源于老建筑的样式，原汁原味地体现传统村落建筑。

走入小镇，从村口的老牌坊、冠服馆、粮仓、民居商街一路走到吊桥，短短150m的路程，浓厚的古旧感扑面而来（图9）。建筑错落有致、体量适宜，街道稍稍有些弯曲，在质朴的风貌下，植入淮杂文化元素，"古朴老街"碰撞"清新国潮"，使传

图4

图5

图6

图7

图3　村口水塘
图4　临湖涤心池
图5　庭院跌水
图6　水生植物营造
图7　小径效果

图8

图9

图10

图11

图12

统老街焕发青春活力，给游客别样的体验和感受。

村口片区最有特色的当属九龙九院民宿区域，在商街北侧，打造丰富的水系湿地空间，临水布置9组独立的民居小院，赋予充满诗情画意的名称——溪河梅园、林上兰室、涧河菊斋、蚬河竹居、安丰荷苑、莫河菱榭、钱沟庐舍、新舍浦院、城河柳居，巧妙地把各个院落与当地著名的9条河流名称和水中或岸边的荷藕、菱角、芦苇、蒲草及柳树等植物有机结合，既充满浓郁的地域特色，又富含意境悠远的艺术美学。在这里，人、自然、文化融为一体，人们在雅致清净的轻松惬意中，身心得以舒缓和放松（图10）。

临湖片区视线开敞，是观赏万顷芦荡的最佳区域，设置整个小镇的制高点——16.99m高的瞭望塔。瞭望塔由原有老旧炮楼改建而成，对建筑基础及墙体进行加固，增设电梯，顶层增加四角攒尖古亭，古朴而不显突兀。

五、淮剧的融入

构建"戏在村里，村在戏里"的独特IP，将荣获国家文华奖的经典淮剧剧目——《小镇》植入沙庄，在小镇还原剧中的景观节点，变身为淮剧《小镇》的现实大舞台。其中最具代表的就是村口的吊桥和临湖的钟亭，一东一西形成"晨钟暮鼓"格局，唤起沙庄人的集体记忆。吊桥厚重古朴，两侧设置鼓台，结合灯光烘托，营造热烈迎宾的氛围（图11）。钟亭又称"悦淮亭"，是一座歇山翘角方亭，也是村庄主轴线的收尾节点，亭中悬置"清白至重"古钟，呼应淮剧《小镇》的诚信主题（图12）。

六、结语

重建后的沙庄古村既有江淮渔村的建筑之美，又有韵味十足的淮腔淮调，成为"有颜值、有特质、有内涵、能承载"的戏剧小镇、诚信小镇、文旅小镇。

项目组情况
单位名称：杭州园林设计院股份有限公司
项目负责人：段俊原
项目参加人：段俊原　陈婉　赵文俊　刘晓瑄
　　　　　　冯星　魏伟　于娜　吴洪霞
　　　　　　陈朕　高欣

新疆生产建设兵团一师16团滨水文化景观带项目

新疆城乡规划设计研究院有限公司／刘文毅　乔洪粤　时　波

摘要： 新疆生产建设兵团一师16团滨水文化景观带项目以16团新开岭镇基地自然条件为基础，结合当地景观资源和特色文化，从水系疏通、地形塑造、交通梳理、绿化配置、建筑改造等多方面进行建设，营造绿水环绕、荷香满溢、大众共享、幸福欢歌的绿色开放空间和滨水空间，成为当地特色文化活动的空间载体和生态名片。

关键词： 滨水景观；特色文化；生态

一、项目概况与设计思路

新疆生产建设兵团一师16团滨水文化景观带项目位于一师16团团部所在地——新开岭镇，项目利用现状农业支渠、芦苇荡、荷花池及农田林带进行建设，绿地和水系穿插在镇区现状居住用地、行政办公用地、公共服务设施用地、农田等用地之间，景观带全长3.4km，宽度25~230m。景观带内水系贯穿始终，由多个支流和大水面组成，形成开合变化的水景空间。项目占地总面积27.82hm²，其中水面面积10.17hm²、绿化面积14.68hm²、铺装总面积约2.97hm²。工程投资1.15亿元。

一师16团新开岭镇素有"塔河源头"的美誉，阿克苏河、叶尔羌河与和田河在16团南部汇聚形成塔里木河。设计以"三河聚、幸福歌"为主题，依托现状大渠、灌渠、荷花池和水塘，对三河线形进行抽象形成景观带水系，旨在打造丰富的滨水景观、宜人的镇区环境、鲜明的团部形象，构建以军垦文化、荷花文化和塔河文化为特色的滨水景观带，凸显新开岭镇宜居、宜业、宜游的兵团小镇特色（图1、图2）。

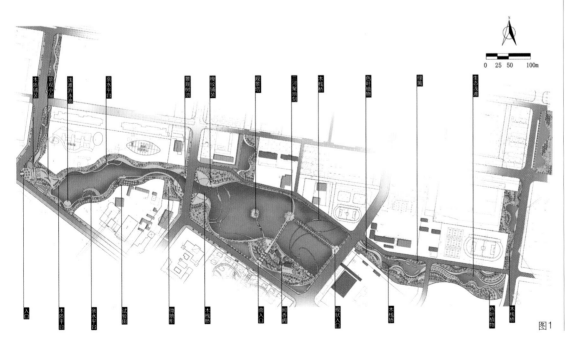

图1　总平面图

图2

图3

图4

二、多角度深入研究强化项目特色和亮点

（1）凸显地域人文、自然特色，将塔河文化、荷花文化和军垦文化融入水系、铺装、植物、园林小品设计，凸显当地景观文化特色。

设计在项目区北部结合现状大渠、农灌渠形成三条溪流，汇入中部湖体和荷花池，寓意三河汇聚的塔河文化；保留现状荷花池，并扩大种植面积，利用观景平台和木栈道优化游赏空间，并在栏杆、铺装等处采用荷花雕刻加以装饰，凸显当地荷花文化；对军垦文化加以提炼，将"犁铧""鱼"形象

与码头、木栈道、地刻结合，体现屯垦戍边、兵地融合、鱼水情深的军垦文化；通过多角度、多元素文化符号的抽象和表达，形成丰富的景观文化空间（图3、图4）。

（2）结合现状水源、立地条件，利用现状农灌渠、荷花池、水塘、湿地布局水系，并采用多种驳岸形式，形成亲水性、景观性俱佳的水景游赏空间。

设计结合现状大渠分水闸位置，确定水系源头；利用现状农灌渠拓宽形成三条上游溪流，保留现状荷花池，对现状水塘、湿地水面进行拓宽、竖向衔接和岸线整理，形成大水面，将溪流、湖体以跌水、围堰衔接，形成连续、灵动的水面（图5、图6）。结合周边道路、用地性质，以自然生态性驳岸为主，采用自然草坡护岸、水生植物护岸、木桩护岸、卵石或块石抛石护岸、植石互层护岸、浆砌卵石网格梁护岸、自然草坡与置石结合等护岸形式，临水广场采用临水台阶、亲水平台等形式，沿水体种植湿生、水生植物等，提高水体自净能力，形成生态性、亲水性、景观性兼备的水景空间（图7）。

（3）采用多种技术措施，缓解水系自然纵坡

图5

图6

图7

图8

图9

图10

与地下水位间的矛盾，有效消除地下水位过高造成的安全隐患。

本项目水系全长3.4km，南北高差3.5m，自然纵坡约为0.1%，坡度较缓。根据项目区地勘情况，项目区地下水位较高，地下水位随农业灌溉起伏变化。为避免地下水、冻胀对水系池底影响，同时又能满足水流流速要求，设计根据不同水域的地下水情况和景观需求，对池底和驳岸采用了不同的技术措施。①上游溪流段位于最高地下水位以上，为保证流速，采用混凝土硬质池底。②大水面及荷花池采用浆砌卵石网格梁内置干砌卵石的透水结构护岸，结合草坡和湿生植物种植，池底不作防渗处理；现状荷花池中池底不作处理，满足荷花的生长需要。③水系下游溪流池底低于最高地下水位，通过在混凝土硬质池底增设φ50PE管透水孔，使地下水可透、可排，消除地下水对池底板的顶托破坏。

（4）尊重现状地形条件，合理确定水体岸线，进行上下游水系和水岸空间竖向衔接，优化土方设计，力求土方就地平衡与利用，节约投资。

设计利用现状地形，在高差大的区段设置跌水，在地势较低的区段开挖形成大水面，与原有荷花池贯通，畅通水流。在水系沿线紧密结合现状市政道路、居住、办公用地，采用缓坡绿地、微地形、退台绿地、亲水台阶等多种方式，结合置石、塑石、绿化等，形成舒适宜人、蓝绿交融的生态景观带（图8）。

（5）绿化种植突出当地植被和农林景观特色，将滨水绿地空间与田园风光相融合。

①设计尊重现状植被条件，保留所有现状大树，利用树池、置石等保护现状大树的生长空间（图9）；②保留现状荷花池，并利用新增大水面扩大荷花种植面积，同时注重岸线湿生、水生植物配置，夯实16团荷花文化节的生态本底。③结合当地农林种植特色，保留和利用项目区内的梨园、核桃林进行绿化空间塑造，并在植物种类上做到当地经济林品种与景观树种相结合，将滨水绿地空间与田园风光相呼应（图10）。

图5　湖岸景观
图6　滨水栈道
图7　徜徉荷花丛中
图8　街旁滨水景观
图9　塑石驳岸结合大树防护
图10　保留主入口林荫道

图11

图12

图13

图11　公共卫生间改造实景
图12　现状建筑改造成文化展馆实景
图13　现状建筑改造成管理用房实景

（6）充分利用现状闲置建筑，塑造建筑景观空间。

对现状闲置建筑进行立面改造，塑造建筑景观空间。考虑到当地团场居民多为老一辈的江浙沪地区支边青年及其后代，在建筑外观上采用江南一带民居形式和建筑元素，如景墙、漏窗、青瓦白墙等，与居民的思乡之情形成共鸣。对建筑内部进行功能重组和优化改造，成为绿地内的游客服务中心、文化展馆、公共卫生间等，提供问询、零售、展览、文化宣传等服务，满足游憩、节庆等使用需求（图11～图13）。

三、实施效果

项目实施后，作为南疆地区面积最大的荷花主题公园，使16团获评"师市城镇化建设一等奖"、"兵团特色旅游景观名镇"，成为名副其实的塞外江南、梦里荷乡。项目的实施不仅改善人居、生态环境，还成为优化投资营商环境，发挥城镇引人、聚人作用，吸引就业、创业，提升经济发展内生动力的绿色引擎。

四、结语

景观设计的受体是人，而景观资源则具有地域性特征，在充分考虑人们使用需求的前提下，结合立地条件将园林景观塑造为文化的空间载体，同时营造百姓共享、适用宜人的绿色开放空间，才能更好地体现绿地建设服务于民的人文关怀，使绿地为人们所喜爱。绿色映底蕴，荷风入画来，一幅充满诗意、和谐宜人的兵团画卷正徐徐展开。用绿色谱写美好生活篇章，让人民群众在天蓝、地绿、水清的优美生态环境中生产、生活，正是风景园林设计师的初心所在。

项目组情况
单位名称：新疆城乡规划设计研究院有限公司
项目负责人：时　波
项目参加人：王　策　时　波　乔洪粤　刘文毅
　　　　　　齐　鹏　刘骁凡　冯　真　司育婷
　　　　　　翁东杰　李翔天

山野间的彩色画境

——河北百里峡艺术小镇美丽乡村人居环境改造

中国中建设计研究院有限公司／吕　宁　张　檬　郭　佳

摘要： 设计对遗留的老建筑、老村路进行了保护和修整，对散落的太行民俗文化、文学故事、铁路文化进行了重新发掘和升华，对缺乏特色的村庄景观和村落临河界面进行了串联和提升，对大量无序混乱的自建房进行美化，统筹色彩布局并融入高品质民俗壁画，营造了独有的艺术氛围，激活了山水铁路景观走廊，激发了生活与游憩情趣。

关键词： 风景园林；乡村振兴；文旅小镇；环境整治

一、项目概述

百里峡村，位于保定市涞水县三坡镇，在野三坡风景区的中心地带，与5A级百里峡景区入口相对，拒马河于村前穿过，京源铁路过境，并设有百里峡火车站，交通便利。百里峡村原名"苟各庄"，是著名作家铁凝的成名作《哦，香雪》的原创地和电影取景地。现状的百里峡火车站带动了野三坡的旅游发展，成为中国20世纪中期乡村发展的缩影。文学和影视作品成为百里峡独一无二的人文财富（图1）。

改造前的百里峡村为百里峡景区提供相应旅游配套基础设施，现有家庭旅馆及农家乐70家，是周边唯一具备"夜生活"的村庄，发展旅游愿望强

色彩美 全村色彩由中央美术学院岩彩工作室设计。建筑上，以"赤橙黄绿青蓝紫"七色作为创作基础，突出"嗨三坡"主题的时尚与希望。景观上，邀请百名艺术家，创作多个节点壁画，打造中国真正的艺术小镇。

图1　全景实景与色彩规划布局

烈。但现有产业档次较低，缺少旅游配套设施。因几年前经历过洪水的洗礼，沿河建筑多为新增，建筑体量大、无特色且新老建筑混杂，沿河建筑立面杂乱。村庄整体风貌新旧对比突出，风格杂乱。村庄独特的文学艺术文化未得到良好的发扬和继承，并且在近些年面临着村庄萧条、空心户增多等衰败局面。此外，在旅游发展的硬件、软件、人力等方面，均与文化旅游配套服务小镇有着相当大的差距（图 2）。

图2

图3

图4

二、设计思路

以百里峡村新老对比的独特村庄风貌特色带动设计灵感，以复兴地域历史文化为设计理念，以打造集产业美、色彩美、精神美以及生态美多维度于一体的特色小镇为设计目标，保留老建筑，还原原汁原味的民居特征，以最小的改动、最经济的方法诠释新建筑，新旧建筑并存，以满足当代对村落风貌原真性和多元化的需求，展现村庄发展变迁历程，形成独具魅力的景观体验，实现提升村民生活品质、推动村庄旅游发展的目的。

村落空间布局结合文化历史，依托山水肌理与传统形态，以"点穴拔钉"的方式梳理建筑布局，打造"两廊、两区、五点"的空间结构。两条文化廊道：香雪主题廊道、小镇时光廊道。点缀 5 处文化节点：香雪广场（1980 年代）、梦想广场（1990年代）、铁凝文化广场（当代文学）、百里峡火车站（2000 年代）、蚊子电影院（影视文化）。其次，建筑街区分为两大文化街区——历史老区和七彩新区：历史老区保留和修复原有的 20 世纪 50—80年代北太行风貌建筑，传承老区文化，挖掘老区新价值，提升村庄形象；七彩新区以色彩为基调，运用现代欧式建筑设计手法，打造滨水色彩艺术小镇，形成一户一色、色彩纷呈的欧式小镇。

三、项目特色与创新

（一）植入色彩艺术，协调新旧风貌

新村建筑摈弃传统做法，根据建筑形态、体量，结合低造价的考虑，以"赤橙黄绿青蓝紫"色彩创意为底，补充、完善建筑立面细节，并结合软装设计与"岩彩"艺术创意（图 3），将砂岩的粗涩肌理与浓郁的色彩有机融合，突出"嗨三坡"主题。

融入壁画创作，打造艺术小镇。邀请百名艺术家参与艺术创作，以建筑本底尺度和形态为依据，以本土文化为切入点，对传统要素进行当代演绎，配合整体色彩氛围，形成独特的壁画风格和形式表达（图 4～图 6）。

（二）文学场景再现，赋予场地精神

以铁凝《哦，香雪》为文化主题廊道，依托拒马河景观，在滨水两侧绘制香雪及其伙伴的艺术绘画剪影，滨水栈道的曲折表达了香雪沿着铁路行走 30km 的心路历程。小镇时光廊道，以铁凝笔下的苟各庄为原型，结合村庄入口、老村、火车站等

重要文化节点，梳理村庄建筑与街道空间，形成可观、可品、可乐的乡村公共景区（图7）。

（三）活化传统民居，复兴文化底蕴

百里峡老村建筑改造采用青砖灰瓦、砖木结合的传统技法，打造20世纪七八十年代的民居建筑风格（图8、图9），展现改革开放初期，铁道和旅游开发对三坡百姓的巨大影响。据此设立了王宝义生平馆、故事馆、香雪书屋、香雪咖啡等（图10）。

（四）引入特色产业，助力乡村振兴

设立乡村设计工坊，帮助小镇孵化业态，将地方文化产品、剪纸、秸秆扎刻等包装为文创产品（图11）。现场创作演示、展示、销售旅游文创类商品与民俗文化类书籍，以本土山水与人文创作新的艺术形式和作品。通过新业态推动乡村旅游产业发展，带动村民就业，使百里峡村成为集接待服务、特色餐饮、文化创客、休闲娱乐于一体的艺术小镇（图12）。

图5　壁画作品细节
图6　壁画与景观小品实景
图7　香雪文化主题营造
图8　民居改造
图9　民居外立面以及周边设施
　　　改造
图10　民居内院改造

改造前

四、结语

本项目设计精细，设计师驻场进行全过程技术服务，与建设、施工、监理各方高效协同合作，保证工程质量和实施效果的同时，严格把控建设成本，打造低投入、高质量的精品工程。最终达成改善民生、引导村民致富，实现乡村精准扶贫和村庄产业振兴的目的，并成为河北旅游的新亮点。

经过重点打造和精心包装的百里峡艺术小镇就像一个五彩缤纷的艺术万花筒、一个传统与现代融合的锦绣大观园。同时，每当夜幕降临，流光溢彩的梦幻灯光，在背后巍峨耸立的青山衬托下，倒映在波光粼粼的拒马河河面，使小镇成为恍如仙境的不夜城（图13）。

项目建成后给当地的农村经济发展带来了巨大的影响，在2016年"十一"黄金周，野三坡景区共接待游客35万人次，同比增长60%；全县共接待游客55万人次，同比增长96%，旅游总收入5.5亿元，同比增长102%。国庆七天，百里峡艺术小镇农家乐客房天天爆满，每天营业收入2万元以上。2017年"百里峡艺术小镇"被国务院扶贫办选为以旅游扶贫的精准扶贫典型案例，真正实现了乡村"产业振兴、人才振兴、文化振兴、生态振兴、组织振兴"。

项目组情况
单位名称：中国中建设计研究院有限公司
项目负责人：吴宜夏　潘阳　刘春雷
项目参加人：吕宁　阎晶　潘昊鹏　张檬
　　　　　　刘彦昭　刘艳　孟庆芳　杨英俊
　　　　　　魏娟　赵锦

图 11　IP 植入与活动组织
图 12　根据业态需求民居内部空间改造实景
图 13　百里峡火车站夜景

天津市河西区绿道公园景观工程

天津市园林规划设计研究总院有限公司／陈　良　周华春　崔　丽　杨芳菲　孙长娟

摘要：项目所在地是天津一段停用的支线铁路，随着城市整体品质的提升，铁路空间与城市空间产生了巨大的矛盾张力。绿道公园根植于场地的铁路文化基底，贯彻五大创新策略，将割裂的场所缝合为多维的高品质公共空间，奏响城市动感强音，形成独特的绿色工业生态廊道，助力曾经的天津铁路"黄金线"焕发新的生机。

关键词：工业遗产；生态绿道；公园城市

一、 项目概况

河西区绿道公园景观工程位于天津市河西区陈塘铁路沿线，陈塘国家自主创新示范园北侧，是天津城市绿道系统规划先行示范的重要组成。

（一）历史沿革

天津是中国铁路的发祥地，随着 20 世纪 50 年代地方工业的蓬勃发展，天津相继建设了陈塘线、南曹线、李港线、津蓟线等百余条工业铁路。铁路沿线聚集着大量工厂、仓库和工人新村，陈塘庄铁路支线是连接京沪铁路和西营门货场、陈塘庄货场的一条铁路支线，鼎盛时期有 10 万产业工人临铁路工作和生活，铁路成为运送物资和通勤的城市"黄金线"。

随着天津的城市化进程和产业结构的调整，城区内铁路货运功能逐渐消失，部分铁路沿线成为城市灰空间，割裂了城市的活力脉络，严重影响城市形象和内生活力。

（二）天津城市绿道系统规划

河西区绿道公园从属于天津城市绿道系统规划——"天津之链"，该规划充分利用废弃支线铁路、沿线生态河道和现有绿地等资源，形成一条串联市内七区的"绿色项链"，是一个集大绿、自然、生态、休闲、康体于一体的城市绿心，也是天津市第一个休闲慢行系统，具有十分重要的意义。

河西区绿道公园景观工程的建设，将铁路绣带变为城市秀带，打造通贯东西的"绿色之链"，将河流、公园、社区等串联起来，为城市绿道系统的全面实施提供思路与示范。

二、 设计面临的挑战

项目设计面临诸多巨大的挑战：场地现为天津南部核心区被遗忘的城市灰空间，如何通过项目匹配周边住区品质、激活场地、凝聚人气；场地线性的空间形态，如何满足时代、功能、文化等诸多需求；如何利用遗存的铁路设施、郁闭度极高的植物群落，达到新生与传承。这诸多挑战共同指向一个核心需求，即项目所在的铁路区域，与周边住区、河流、道路的品质和时代性，产生了巨大的矛盾张力，曾经的天津铁路"黄金线"需要焕发新的生机（图 1、图 2）。

图1　图 1　改造前实景照片

图2

图3

图4

图5

遗产新的生命力，以"打造一条 1.5km 高品质创生绿廊"为设计理念，开启新的时光之旅。集成五大创新策略，以线的柔韧之力，疏通都市脉络，打破无形的城市空间隔阂，容纳现代人多元化的生活需求，助力推进美丽天津面貌转型。

（二）创新策略

1. 创新策略一：百姓生活融入铁路场景

公园以"创生绿廊"为总体理念，以化解场地内部矛盾、满足周边百姓休闲与运动等生活需求为目标，将铁路设施与生活需求融合，贯通连续的铁轨步道，打造紫藤隧道、陈塘印记等铁路场景，将百姓生活融入铁路场景，以情景再现的方式，实现岁月流转、新生体验，延续原陈塘庄铁路的自然和生命，激发周边社区活力（图3）。

2. 创新策略二：五线联动复兴活力陈塘

绿道公园，以五线联动串联三大节点，构建丰富游览体验，编织新时代活力陈塘。

（1）铁路线致敬历史：保留铁路元素，铭刻城市记忆。体验铁路的线性美学，糅合隧道意境与穿行动线，辅以智能互动主题灯光，为居民提供有活力的、沉浸式的铁路主题空间体验（图4）。

（2）运动线活力健身：1.5km 动线打造运动健身活动专线。规避机动车安全隐患，以低干扰的步行线串联居民生活圈，依据健身活动适宜服务半径设置点位，保证动线健身全覆盖。营造联动东西、激活南北的人民生活环，勾勒滨水浓荫运动活力线。

（3）滨水线联动景观：打造滨水视线通廊，联动滨河景观。绿道园路系统是三道并行，分别是铁路主题道、主园路漫步道以及滨水道。在滨水道一侧，设计重点强调现状植物与滨河地形的利用，对平行河道的海绵阶梯设施、垂直河道方向的临河眺望台以及滨河慢跑视线进行收放与细腻推敲，精准激活城市脉络。

（4）声音线聆听历史：构建陈塘历史的声音地图，感受铁路的节奏。以铁路广播电台导览系统为载体，复原铁路广播声、火车声、货场繁忙工作声等。

（5）雨水线弹性雨洪：以生态为底、铁路为线，将完善的海绵系统浸润于整个绿带，以弹性雨洪管理形成弹性的雨洪调蓄带并对接城市海绵系统（图5）。

同时，以 BIM 技术支撑五线联动。

本项目为改造类项目，现状铁轨、铁路信号线、市政管网、树木、道路错综复杂，为保证对铁

三、设计理念与创新策略

（一）设计理念

河西区绿道公园抓住推进美丽天津面貌转变及老工业区动能转型的机遇，结合城市更新，借助场地的铁路文化基底，贯彻公园城市、"双碳"目标、海绵城市、智慧绿地等新发展理念，焕发铁路文化

路设施的完整保护及方案的落地性，设计采用 BIM 技术，通过碰撞检测，合理避让管线、优化设计，为形成五线联动提供可靠的技术支撑。

3. 创新策略三：设施新生实现文化传承

尊重场地的铁路遗存设施，对场地内部的铁轨肌理、现状建筑及铁路配套设施进行保护、修复和再利用。以"陈塘庄站"旧址复原、铁路隧道意境重塑、枕木坐凳专利设计、铁路元素小品等形式传承铁路文化。

陈塘印记节点为车站旧址复原，以景观的手法再现铁路货场昔日场景。有候车亭、货箱、文化标识小品、火车以及正在装货的铁路工人雕塑，用景观记录城市记忆与历史遗存，展现铁路文化。

岁月穿梭节点提取铁路隧道意向，辅以文化展示、无障碍设计、海绵系统石笼墙，呼应城市功能需求以及主题气氛的塑造。利用高差以锈板景墙丰富立面景观，上刻反映绿道建设意义的关键字，承载场地记忆与时代精神（图6）。

枕木乐园节点以"儿童友好"重焕铁路文化遗产新的生命力，让陈塘火车"驶入"孩子的童年，成为新一代人的记忆。

全线利用现有场地废弃枕木改造为道砟、枕木铺地等具有场地特征的主题铺装，更新铁路信号灯为公园景观灯，将站牌、火车车轮、木枕等铁路元素变为标识，将混凝土枕变为坐凳，为天津城区开辟出一条聚气藏珍的城市工业遗产廊道（图7）。

4. 创新策略四：多元配套提升服务能级

通过发放 300 份现场调查样本，听取使用者的需求，辅助绿道公园确定配套服务的优先级，科学提升公园服务能级。调查样本反馈结果显示，在公园服务设施类型需求方面，休闲放松、文化科普、运动健身、娱乐互动被提及得最多。在铁路设施改造方面，大家倾向以下几方面：保留铁路原貌设施，保留城市记忆；增加跑步、骑行和运动健身场地；设计体验式生活空间，提升活力；增补主题设施，科普铁路文化；植入科技元素与智能化设施等。

设计以调查样本为数据源，经科学统计归纳，根据使用者的需求，增加公共服务设施、文化展示设施、智慧公园设施、运营服务设施等，以完善丰富的配套体系，提高人民的舒适度和幸福感，塑造更乐民的公园。

5. 创新策略五：自然主义营造生态环境

公园采用多种群落模式：包括石竹、松果菊、穗花婆婆纳、柳穿鱼单层主题植物群落模式；须芒草、马蔺、荆芥、黑心菊、天人菊等多层分散植物群落模式，形成不同生活型、生态位的组配，将自

图6

图7

图8

然主义栽植模式融于现有植物组团。将天津本土宿根、草本植物以拟自然的形式，与场地原有植物形成结构稳定、生态能级高、养护成本低又具有良好自我更新能力的乡土顶级生态群落，构建可持续自然景观新范式（图8）。

四、结语

建成开放后的河西区绿道公园，已然成为"天津之链——城市绿道系统规划"的示范段落，促使这片拥有雄厚工业基础的土地开启新的辉煌。

项目成员情况

单位名称：天津市园林规划设计研究总院有限公司

项目负责人：陈 良　周华春　崔 丽

项目参加人：杨芳菲　王 倩　张文瀚　孙长娟

　　　　　　宋宁宁　马鸿业　张旻昱　尹伊君

　　　　　　韦 立

图6　承载场地记忆与时代精神
图7　设施新生实现文化传承
图8　自然主义营造生态环境

老旧小区有机更新的实践探索

——江西南昌桃苑社区整体提升改造工程设计项目

中国美术学院风景建筑设计研究总院有限公司／陈继华　陈　丹　王月明

摘要：老旧小区有机更新不仅是一项关系到百姓安居乐业的惠民工程，更是提升城市市容市貌和管理水平的惠政工程。本文通过总结和分析南昌市桃苑社区更新改造中的实践经验，探讨老旧小区有机更新的对策建议，以期为后续其他小区的有机更新改造提供参考和借鉴。

关键词：老旧小区；有机更新；整治；提升设计；创新改造

2020年7月20日，国务院办公厅印发《关于全面推进城镇老旧小区改造工作的指导意见》，明确提出2020年新开工改造城镇老旧小区3.9万个，涉及居民近700万户；到"十四五"期末，结合各地实际，力争基本完成2000年底前建成的需改造城镇老旧小区改造任务。近年来，中央层面已经多次发文力推"旧改"，这意味着"旧改"时代的全面到来。因此，探索老旧小区有机更新的综合整治具有鲜明的时代意义。

一、住房存量时代与城市有机更新

目前在我国存在着总规模达200万亿m²的老旧住房在等待改造升级，城市更新成为行业探讨的新命题。在2019年年底的中央经济工作会议中，首次提出"城市更新"概念。会议指出，要加大城市困难群众住房保障工作，加强城市更新和存量住房改造提升，做好城镇老旧小区改造。

二、推进老旧小区有机更新的创新建议

我国"城市有机更新"既有别于西方国家的"城市更新"，更不同于"拆老城、建新城"的旧城改造，其最鲜明的特点就是传承历史、面向未来，和谐发展、科学发展，其实质就是走科学城市化道路。

第一，重视调研，按需设计。开始项目之时，调研工作是第一步。充分考虑不同群体融合、社区有效管理、安置满意度等问题。在设计前期，调研区域发展、传统文化、风俗习惯等，形成针对性的前期调研报告，以指导建筑设计和景观改造更新。

第二，从五大要素——功能、空间、环境、人文、管理着手，实现老旧小区有机更新。功能上要做全，强化配套服务设施，提升小区的便利性与居住舒适度；空间上要小中见大，老旧小区一般空间较为局促，要通过平面和立面双向维度来共同提升；同时要抓大放小，选择合适区域进行重点营造，打造户外邻里活动中心；环境上要作美，充分利用现状条件，采用立面换新、绿化焕颜、亮化点睛等多种手法，为百姓营造一个焕然一新的居住环境；人文上要深挖，只有通过文化这条纽带，才能凝聚社区居民的使命感和认同感；管理上要做精，以人为本，按需出发，解决老百姓的实际要求。

三、老旧小区有机更新的实践探索——桃苑社区的神奇逆生长

（一）难点与问题

桃苑二区濒临抚河，始建于20世纪90年代初，是南昌市最早的商品房。本次共改造建筑18栋。社区环境脏乱差；停车难、行车难；违建普遍、形式各异；基础设施老化、管线空中随意穿梭，安全隐患突出；景观空间拥挤杂乱，绿化不足，文化缺失（图1）。如何利用有限的投资实现最佳的优

图1

图2

化提升改造？如何以桃苑社区的改造为蓝本，为南昌老旧小区摸索一条富有特色的更新之路？

（二）更新"式"与更新"度"

（1）"微小"——以不妨碍社区居民正常生活、不破坏社区原有历史记忆和历史风貌为出发点，用设计介入，以"轻"和"快"的方式完善和提升社区的空间环境；另外"更新"也不仅仅局限于物质环境的改变，也是在管理手段和理念、居民对社区关注的主观意识方面的更新，建立社区的认同感。

（2）"参与"——从桃苑社区百姓的角度出发，开展了多轮走访与协调，关注民生需求，倾听老百姓的声音，并针对使用人群的生活方式作出更新的应对（图2）。

（三）"换内胆、塑里子"——设施升级

（1）拆违拆临——拆除防盗窗3864个、屋顶违建60处、立面违建258处，消除安全隐患。

（2）治理环境——疏通化粪池，铺设下水管道1400m，新建排污井227个，从源头杜绝脏乱差。

（3）解决停车难题——新建停车泊位157个，其中立体式停车场1处，机械泊位20个，平面生态泊位137个，电动车棚12个。

（4）打造平安社区——安装探头83个，接入公安天网，做到小区监控全覆盖，保障居民安全。

（四）"穿新衣、美面子"——景观提升

（1）空间提升——存量空间的灵活重生。包括四大手段：释放集中绿地空间、激活宅前灰空

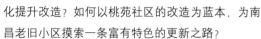

总平面图

0 10 20   40   80m

主要经济指标：

		m²	
1	总用地面积	42901.8	100%
2	建筑占地面积	12944.6	30.17%
3	建筑立面面积		
	立面面积	87372.4	
	屋顶面积	11928.6	
4	景观地面面积		
	主道路面积	5081.9	11.85%
	绿化及其余绿地	24875.7	57.98%
5	停车位（总计）	个	170
	固定停车位	个	132
	单行道临时车位	个	38
	现状停车（约）	个	120~130

图例
1 出入口岗亭
2 外围人行道
3 路口景观石
4 入口宣传栏
5 道路停车位
6 建筑后庭院
7 宅间休憩广场
8 儿童活动场地
9 景观吊桥
10 林下空间
11 景观亭廊
12 街头篮球
13 景观亭
14 慢步道
15 弧形廊架
16 特色园路
17 公共厕所
18 景观灰廊
19 建筑墙角花架
20 沿街休憩平台

图3

图1 桃苑现状
图2 社区调查
图3 总平面图

图4 改造后桃苑社区入口
图5 改造后社区边界空间
图6 空间提升
图7 道路优化
图8 绿化润景
图9 功能完善

间、整合道路两侧带状空间、利用街头转角废弃空间（图3～图6）。

（2）道路优化——铺设道路，科学规划，形成交通微循环（图7）；植入海绵城市理念，增强雨水下渗性能。

（3）绿化润景——重视绿化，重新粉刷墙面、楼道，统一安装防盗窗、遮雨台，清理废苗木，移栽新苗木（图8）。

（4）功能完善——重建休闲场所：休闲广场、景观凉亭、儿童乐园、篮球场等，为居民运动休闲提供便利（图9）。

（5）配套人性——修建多功能房、便民服务中心、社区党群服务站、静心读书社、微尘志愿者服务社等，着力打造和谐社区。

（五）"强文化、重归属"——精神家园

梦里栖息处，幸福桃源里。通过更新旨在打造一个"竹外桃源——艺创生态社区"（图10、图11）。

将开放、创新的设计理念与美学认知带到社区，带给居民，渗透生活。设计以艺术介入的方式保留社区历史痕迹，为社区营造富有情感诉求的场景记忆：

公共艺术作品《羁》：采集原居民朴实的形象，鸽子象征和谐之家，大型鸟笼与思考者雕塑象征着原有严实的保笼防盗窗下封闭的社区环境，在即将突破束缚的新环境里的一种内心矛盾，传递极具张力的情感共鸣（图12）。

《璞之灵秀》：取太湖石原型，桃花为前景，竹篱为背景，以黑色镜面石材为水韵，倒映其中。致美于形，至尚于心（图13）。

《桃苑春色》：桃花盎然，春笋破土而出，孕育着希望。象征人们的生活如竹子节节高升，幸福美满（图14）。

四、从"微更新"到"微幸福"

桃苑二区改造工程总面积达 108948m²，惠及居民1070户3288人。文化为魂、生态为界、惠民为基、民生为本，桃苑二区的改造为南昌新型开放型社区树立了标杆典范。老旧小区

图10

图11

图12

图13

图14

有机更新是一项复杂而重大的民生工程,不仅能极大改善老旧小区居民的居住环境,更能够改善市容市貌,提升城市管理水平。随着实践进程的不断深入,未来老旧小区的有机更新方向将由楼体加固、管线入地、建筑立面改造、景观环境提升等硬件的升级,逐步向社区文化营造、科技物业、适老服务等软件的提升过渡。

项目组情况

单位名称:中国美术学院风景建筑设计研究总院有限公司

项目负责人:陈继华

项目参加人:李　峰　洪　辉　王月明　厉高辉
　　　　　　朱文亮　汤云翔　陈　丹　巫青梅
　　　　　　王小红　张　颖

"玩心"景观探索

——河北邯郸北环绿廊景观工程

北京清华同衡规划设计研究院有限公司／沈　丹　周　旭　丁小玲　董　亮

摘要：设计团队通过仿生转译，设计了一套低干扰、与环境融合共生，具有鲜明视觉特征、可参与的成语游戏，尝试以"不插电"景观装置的形式，扩展景观设计的领域与范畴，探索承载文化内容的"玩心景观"。

关键词：风景园林；绿廊；景观装置；设计

图1

图2

图3

图1　项目场地概况
图2　改造前现场照片——杨树林与落叶
图3　低干扰设计的格栅栈道

一、项目背景——一个恰当的项目类型与机遇

将文化景观做得生动有趣，需要一个恰当的项目类型与机遇。首先，项目需要有鲜明的文化内容与主题，邯郸被称为成语之都、太极之乡，北环绿廊项目以"成语"和"太极"为主题，作为设计的主要线索。其次，在项目区位与规模方面，"非地标性"的公共休闲空间（例如小型社区公园、休闲绿廊、口袋公园等）有利于营造轻松愉悦的空间氛围。成语绿廊位于邯郸北环西北角，总长1km，面宽40m左右，总体用地规模4.09hm² （图1、图2）。场地原为北环路和居民区之间的一块绿化隔离带，项目尝试将这块消极的场地转变为供周边居民休闲娱乐的带状公共绿地。同时，项目场地的环境特点也能为设计师带来灵感，场地中静谧的杨树林就给了设计团队很大的启发。

二、总体构思——构建有趣的视觉特征与场景

景观场景的视觉特征是吸引游览者的重要因素，也是游览者进入场地后最重要的直观感受。设计团队受到现状杨树林的启发，一方面通过低干扰设计，与环境充分共生，最大限度保护了场地生态。架空的格栅状栈道，在保证透水性的同时，允许地被植物的生长嵌入格栅的空隙，使人工构筑物与自然景观之间产生了有趣的共生关系（图3）。

另一方面，项目结合仿生设计的手法创造出一系列与环境的视觉互动。设计师通过对自然肌理的模拟，设计了一系列模块化设计语言，并通过材料、质感的变化，与周边环境形成了"凸显""半透明"和"消隐"3种视觉关系，在与环境协调共生的同时，一定程度上为游人带来了"视觉惊喜"（图4、图5）。

三、设计手法——将文化信息融入游戏过程

为了营造轻松、愉悦、有趣的文化展示氛围，设计师尝试通过一系列"不插电"景观装置，将文化信息融入可参与、互动的游戏过程当中。这些游戏的设计基于对成语深层次寓意的解读，力求在动态交互的过程中，为游人创造文化体验（图6）。

设计团队根据成语和太极文化主题，设置了胡服骑射、一叶障目、邯郸学步、成语拼图、太极广场5个景观节点（图7）。

图4

图5

图6

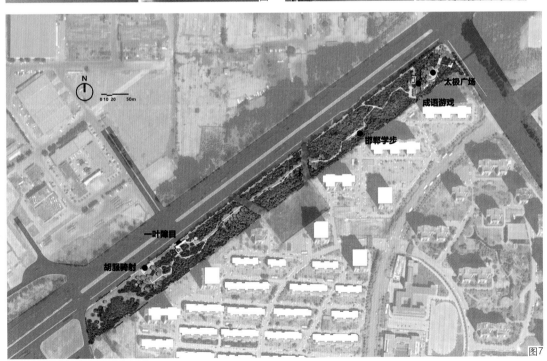

图7

图8

图9

图10

图11

图12

图13

胡服骑射节点，采用视觉错位原理，通过虚实对比，创造出找寻最佳观赏点的游戏过程。

一叶障目节点，通过小孔，将自然光引入墙壁空腔，创造出银河的景象，游人通过翻开墙壁上的"树叶"装置，便可观察到这一奇妙景观（图8、图9）。

邯郸学步节点，通过调节镜面矩阵的角度，创造出参与者的镜像由完整到残缺不全的过程，隐喻一味模仿他人带来的迷失（图10）。

成语拼图节点，通过可以翻转的构造，设置镜面和木纹两面材质，木纹材质承载了拼图游戏，镜面材质创造了"消隐"效果，使构筑物在环境当中若隐若现（图11）。

太极广场节点，通过悬浮式的穿孔板圆环构造，使太极拳招式图案漂浮在杨树林当中，为木质的广场营造氛围飘逸、功能多样的景观场景，为周边居民提供多功能的休闲与活动空间（图12、图13）。

四、特色及实施情况——开放的设计领域与范畴

北环绿廊景观设计项目，尝试将装置艺术、游戏设计、物理原理等创作方法引入景观设计的范畴，并在项目实施的过程中不断调整、改进，创造出与环境融合共生的奇妙场景，以及具有文化内涵的游戏过程。项目建成后，原本消极的废弃场地变为市民喜闻乐见的休闲空间，在承载周边居民日常活动需求的同时，提供了一个有趣的文化感知机会，增强了邯郸人民的文化自信。

项目组情况
单位名称：北京清华同衡规划设计研究院有限公司
　　　　　河北水木东方园林景观工程有限公司
项目负责人：沈　丹　周　旭　董　亮
项目参加人：周　旭　丁小玲　刘　洁　刘玥莹
　　　　　　赵晓振　姜新茹　张　磊　陈　益
　　　　　　冯秀辉

图8　"一叶障目"节点——可翻动的树叶装置
图9　"一叶障目"景观装置内部效果
图10　"邯郸学步"景观节点
图11　"成语拼图"景观装置
图12　太极广场上的景观构筑物
图13　太极广场成为居民的休闲之所

因地制宜，特色营造

——浙江松阳火车站站前广场设计实践

浙江省城乡规划设计研究院／韩　林　沈欣映　张祝颖

摘要： 本文以浙江松阳高铁站站前广场为例，从城市站前广场用地紧凑、地形复杂、诉求多元等诸多现实问题切入，通过地域文化传达、竖向整合利用、交通立体组织等设计措施，营造一处满足市民便捷出行、布局方式合理、彰显地域特色的站前广场空间，对中小城市火车站站前广场景观设计进行了初步探索。

关键词： 风景园林；站前广场；设计；交通组织

伴随国家高铁规划建设的快速发展，许多中小城市也迈入高铁出行时代，站前广场是高铁站重要组成部分，是集城市形象、交通枢纽、文化表达等多重功能于一体、复合型的城市公共空间。然而，站前广场景观设计如何立足场地特征，避免盲目照搬大城市广场设计模式，因地制宜地营造具有地域特色、交通便捷、人性化的空间是亟须思考的问题。

一、项目概况

本项目位于浙江省丽水市松阳县，松阳火车站是衢宁、衢丽铁路的停靠站，它坐落在县城中心城区以西约 6km 处。

设计内容为站前广场及配套工程，基地自然景观丰富，周围青山绵延，茶园、农田、溪流环绕，景观视线开阔，生态环境良好。广场西侧为站房建筑，东侧为站前迎宾大道，南北长 280m，东西宽 130m，整体面积不大约 37000m²，东西向进深较窄，用地较紧凑。站房建筑室外标高与站前大道高差达 6.315m，整体高差较大，西高东低呈梯田缓坡状，局部地形有起伏。此外，站前广场也是站前新区规划的一处重要城市公共空间，其功能布局及配套服务设施应满足周边百姓的日常活动需求（图 1）。

因此，本次站前广场设计不仅是处理站房、站前大道及周边用地合理衔接的问题，更是一次对中小城市城站一体发展建设，特别是"因地制宜、以人为本"理念的思考和实践。

二、目标定位

设计结合"千年古县，田园松阳"的形象定位，发挥区位与山、田、茶等资源优势，坚持"以人为本"，通过地域文化传达、竖向整合利用、交通立体组织等设计策略，打造一处换乘便捷、布局合理、主客共享、特色鲜明的城市新门户（图 2）。

三、设计特色

（一）因地制宜的空间布局

结合地形特征及功能需求，设计将交通换乘及功能设施设置在地下层，解放了地上空间，还

图 1　现状地形地貌

图1

图 2　总平面图

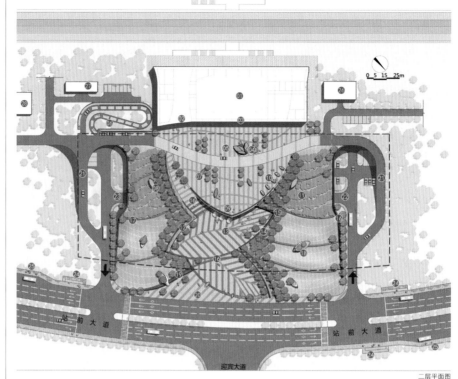

图例
01 铁路站房建筑
02 出站口
03 进站口
04 楼梯、垂直电梯、自动扶梯
05 站房前广场
06 出租车等候区
07 结合座椅采光井
08 通风井
09 观景平台
10 叶形构筑
11 茶园景观
12 无障碍坡道
13 室外茶座（二层平台）
14 文化景墙
15 地下车库通道
16 弧形台阶
17 石笼挡墙
18 叶形种植池
19 入口景墙
20 入口广场
21 坡道
22 地下车库入口
23 地下车库出口
24 公共自行车点
25 公交车站
26 信号楼
27 派出所
28 单身宿舍

- - - 规划用地红线
　　　地下一层范围线

二层平面图

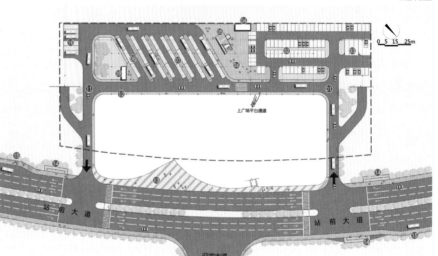

图例
01 车库入口
02 小汽车停车位
03 大巴车停车位
04 车站管理建筑兼公厕
05 楼梯、垂直电梯、自动扶梯
06 集散小广场
07 公交车位（站台）
08 公交保养检修车道
09 公交调度、休憩用房
10 公交车夜间停车场
11 车库出口
12 人行道
13 广场入口
14 公共自行车点
15 公交车站

上广场平台通道

图2　　　　　　　　　　　　　　　　　　　　一层平面图

地上广场一个完整的景观空间。地上广场设计打破常规中轴对称布局，模拟梯田、茶园自然肌理，展现自由、流畅、曲线的风格，建筑、广场、自然山水融为一体，形成一处尺度宜人、景色优美、开放共享城市公共空间，既保障旅客出行的便捷，又满足周边居民生活的需求，为站前区注入了新的活力（图 3）。

整个广场自上而下分别设置了站前集散区、休闲区、广场入口区、两侧生态景观区及地下停车区。

（二）地域文化的有效表达

设计立足场地特征，延续茶田、梯田的场地肌理，提炼"茶叶"为主题表达元素，融入整个广场设计之中，广场以 3 个不同角度、不同高程的叶片空间构成（图 4），并以叶形铺装、叶脉灯带、小品构筑、石笼、景墙浮雕等形成整体景观系列（图 5），两侧绿地种植松阳'银猴'茶树形成茶田景观，重点突出松阳"千年茶乡"的茶韵文化，整体简洁大气、地域特征浓郁，塑造了主题特色鲜明的城市门户形象。

（三）独特地形的集约利用

充分利用站房与站前大道 6.315m 的高差，因地制宜、化弊为利，集约高效地分层布置功能分区，整个广场采用逐层台地形式，通过坡道、台阶渐进式地消化高差（图 6、图 7）。最高台地与站房衔接，满足旅客进出站的便捷性，端部设置

图3

图4

图5

图6

图7

观景平台，将茶园、梯田等美景尽收眼底；中间层利用两层平台高差设置商业建筑及室外茶吧，满足旅客等候休闲的需求（图8）；两侧绿地采用石笼挡墙模拟梯田的景观意象；地下层是所有停车换乘空间和配套服务设施，整体设计实现了垂直空间的集约高效利用，保证广场景观的完整性和美观性（图9）。

（四）复合交通的立体组织

强化旅客出行换乘的便捷性，整体采用分层分区单向流线布局、垂直交通链接、人车有序分流、全程无障碍等多元立体的交通组织方式（图10）。二层为单向送客交通流线，公交车停车场（站）、社会车辆停车场等所有换乘空间均设置在台地下

图8

图9

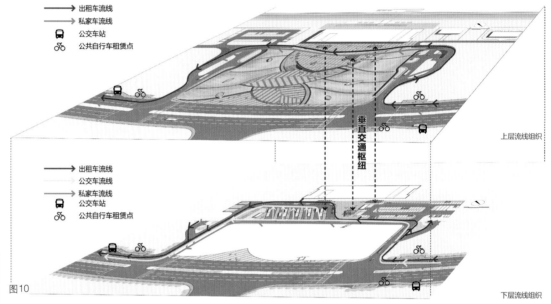
图10

出租车流线
私家车流线
公交车站
公共自行车租赁点

出租车流线
公交车流线
私家车流线
公交车站
公共自行车租赁点

垂直交通枢纽

上层流线组织

下层流线组织

图11

图12

层（一层）（图 11），左右布局，通过楼梯、垂直电梯、自动扶梯等方式联系上下交通，赶路旅客可以直接从二层快速进出，闲情逸致的游客可以从广场步行穿过，各层平台均全程无障碍连通，形成高效便捷、安全有序的交通流线，实现出行交通转换的无缝衔接（图 12）。

四、结语

本项目实施完成后取得了良好的社会认可，规模虽然不大，但充分利用地势条件解决了站前广场各项功能需求，并营造出契合场地特征的独特景观，

它不只是一处旅客奔波的交通换乘场所，而是一处市民停留、放松、交流、汇聚的城市共享空间，且真正成为一处展示松阳形象的重要窗口。本项目是目前中国中小城市高铁站站前广场规划建设的一个缩影，以期能为同类相关项目提供经验借鉴。

项目组情况
单位名称：浙江省城乡规划设计研究院
项目负责人：沈欣映　韩　林
项目参加人：赵　鹏　朱振通　周　洲　许国祥
　　　　　　赵兴刚　赵　欣　侯　茜　李　炯
　　　　　　孙　霖　方　廷

山水画启发下的禅宗庭院营造

——以浙江杭州径山禅寺上客堂庭苑为例

浙江人文园林股份有限公司／陈　静

摘要：中国寺观园林的营造基本上参照当地园林文化并融合宗教思想，艺术风格深受皇家园林和文人园林影响，反映了中国的"天下观"。浙江杭州径山禅寺上客堂庭苑设计与营造中，传承中国禅宗文化与山水画文化，进行中国禅宗园林的理论探索与创新实践，营造了具有"禅房花木深"之形与神的禅宗园林。

关键词：风景园林；寺庙庭院；设计；禅宗

一、禅宗园林的"山水观"

中国特有的"天下观"，最早流行于春秋战国时代，儒家经典著作《论语》中有："天下有道则见，无道则隐。""天下观"从地理范畴上表达的是九州和四海，从文化思想范畴上有世界主义色彩的表达。"天下观"的地理特征是中心明确、边界模糊，这在山水画和山水园林中也表现出主峰高耸、水岸无涯的特征。可以说山水观是外化的天下观，天下观是内化的山水观。我们应延续中国传统绘画中"山水即道"文脉，从传统文化与禅宗哲学内涵的挖掘与传承中，表达中国禅宗园林的"天下观"。

二、设计构想——"天下观"之"天下径山"

径山，位于浙江省杭州市余杭区，是天目山的一条余脉。径山有五峰，径山禅寺建在五峰环抱之内（图1）。径山禅寺创建于唐天宝年间，法钦禅师结庵开山。到了宋代，径山禅寺兴临济宗（禅宗南宗的五个主要流派之一），被列为江南"五山十刹"之首。南宋中后期，日本名僧先后在径山禅寺学习禅法，回日本后弘扬临济宗法。径山禅寺成为日本临济宗祖庭。近年来，径山禅寺在宋代建筑风格的寺庙基础上进行整体寺庙复建和环境改造提升。

径山禅寺的山门处有一照壁，上书"天下径山"。"天下径山"意即径山禅寺乃天下丛林之首。从风景角度来看，径山禅寺的形胜也是天下禅寺之首。径山宛如一朵盛开的莲花，径山禅寺居中，形如麒麟伏地，上客堂位于麒麟之睛。莲花是佛教的象征，麒麟在中国文化中象征着祥瑞，中国传统文化中非常重视喝形取象之法，径山禅寺的形胜也在于此。

笔者从风景园林角度分析"天下径山"，取其"天下观天下山水"之意，根据径山禅寺的文化特点和环境特点，将整体园林设计构想为：天下观之"天下径山"。以"静—空—归—心"为内核，遵循"山中有水，水中有木，山水木有魂"的设计原则，即以山水养眼，以林木养生，以禅意养心，使径山禅寺园林恢复昔日作为江南禅院之首的天下丛林景象。

图 1　径山禅寺全貌

图1

三、园林布局——以山水格局为框架的《天下径山高图》

上客堂的定位：檀越中心——禅宗文化交流中心。其功能特点为"访谈"；其空间特点为依山而建、高差起伏的内庭院。我们根据其功能特点定位其文化风格为"禅房花木深"，取自常建的《题破山寺后禅院》。根据上客堂空间特点定位其布局为"高山流水"的山水画庭院，一方面以俞伯牙、钟子期"高山流水"的知音文化典故，对上客堂禅宗文化交流的定位进行点题；一方面充分利用建筑依山而建，形成巨大高差的空间，营造立体山水庭院（图2）。

我们在径山禅寺自然景观基础上进行艺术提炼，在沈周《庐山高图》摹本基础上，集名山之最，形成双峰对峙、奇峰怪石、绝壁千仞、峡谷纵横、溶洞溪瀑、雾凇花海的园林布局和景观特色（图3）。

四、山水画理论运用与布局技法借鉴

（一）"山有三远"的山水画理论运用

宋代郭熙在《林泉高致》中称"山有三远"，即"高远""深远"和"平远"。我们在上客堂的空间布局和造型设计上充分运用了"三远"原理，以山脉、水脉、林带构成立体山水画卷：其山脉为峰、顶、峦、岭、岫、崖、岩、谷、峪；其水脉为瀑、溪、涧、漱、池、濑、汀、矶、岛；其林带为奇松、垂梅、木香、紫藤、杜鹃、凌霄、羽毛枫。

我们借鉴《庐山高图》对山、水不同形态的描绘，在上客堂庭苑山水中予以造园艺术再现（图4）。

1. 高远——双峰对峙

湖石假山与钟乳石假山形成双峰。根据透视原理，采用仰视手法营造山峰景观。用悬崖峭壁和临池深渊，构成"高山流水"的组景（图5）。以"高山流水"知音意象，呼应上客堂交流禅宗文化的功能定位。

2. 平远——山脉延绵

平远的山景追求山脊线的逶迤连绵、起伏错落。上客堂庭苑中的湖石假山与钟乳石假山双峰之间连成山岭，表现出山势连绵及两山并峙的平远山景（图6）。

3. 深远——旷奥交错

运用平面设计的纵向推进手法，通过两峰连绵

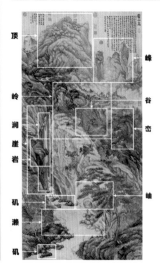

图2　上客堂原场场地面貌
图3　古画
图4　上客堂庭苑山水画布局分析

围合而成谷、峪、峡、涧等空间形态（图7），营造景色幽深的山水风貌。

（二）山水画皴法和布局运用

设计将山水画皴法巧妙运用在上客堂庭苑叠山理水中。运用"大斧劈皴"的手法，以大块竖石为骨，使假山看上去简练遒劲，形式雄壮，以撑、搭、叠、垫、卡、拼、探、挂、悬、嵌等技法为辅，勾勒出山形水势的线条。

在山景方面，双峰运用"大斧劈皴"手法形成崖壁，山脚下汇水成溪，围合成谷。钟乳石峰运用"大斧劈皴"手法形成崖壁（图8）。湖石山峰运用"披麻皴"手法形成山峰，运用"折带皴"手法形成山梁和叠瀑（图9），运用"云头皴"手法形成山峦，运用"点皴"手法种植灌木、草本植物。

在水景营造上，运用叠石、驳坎、涧、池、滩、汀、矶、岛等各种空间营造，形成湖泊、水池、水塘、溪流、水坡、水道、瀑布、水帘、跌水、水墙和涌泉等多种水景。双峰内有泉水涌出，山脚下积水成塘，流动成溪，汇到前庭成池（图10）。内庭中水系纵横，形成水池、水塘、溪流、瀑布、水帘、跌水、涌泉等水景。

图10

图11

图12

图13

图14

图10 钟乳石山峰流出的瀑布，云盘石与湖石夹岸成溪形成崖壁
图11 建筑看起来像是由地下生长出来似的
图12 庭苑借景远处的阁楼
图13 山顶的湖石上，分别用造型黑松和凌霄覆盖，形成"迎客松"和"凌霄仙境"的意境
图14 竹子与石笋的经典搭配，使白墙为背景的内庭形成一幅竹石画

此外，设计还分析了山水画中的建筑尺度、位置，并将其特色运用到园林中。利用建筑形成的高差布景，叠山理水，使建筑看起来似由地下生长而出（图11）。远处的高楼借景入园（图12），山水植物将空间搭配得更加丰富。

（三）植物配置在禅意山水园造景中的运用

设计总结山水画的植物特点：松梅多造型、山水以树始、四季多变换，因此在山峰之上种植落叶大乔木，山崖边爬满凌霄藤蔓，山谷溪边点缀杜鹃、紫藤，山坡草地上种满苔藓。水中有莲荷，水下有森林。奇松、垂梅、凌霄以造型取胜，木香、紫藤、杜鹃以色彩取胜，苔藓、莲荷以禅意取胜。通过近景、中景、远景植物的搭配，形成"禅房花木深"的意境和画境（图13、图14）。

五、结语

上客堂庭苑完工后，人文园林将其捐赠与径山禅寺，并更名为"天下径山苑"。

径山禅寺的禅宗文化与山水画文化结合而成的天下观——"天下径山"，给了设计丰富的灵感与深刻的启发。佛教传入中国而形成的禅宗文化，具有儒家的"入世"、道家的"自然"、佛家的"觉悟"。中国历史上极少有单独的、只体现禅宗文化的禅宗园林，即便是宗教园林中也有不少儒家和道家的文化。因而现代的禅宗园林设计与营造需注重这一传统，领悟其反映的儒释道合一的精神，明白中国传统的禅宗园林是"自然""空灵"的山水园林，而非日本禅宗庭院"寂灭""空灵"的枯山水。

在禅宗园林的营造上，无论是"简笔"还是"繁笔"，皆可用以表现自然的"枯"和"荣"，进而让人领悟佛经中的"有"和"无"，达到佛的境界。禅宗的"不立文字"更启发和鼓励设计师打破藩篱，不拘程式，丰富和繁荣禅宗园林文化，形成当今特色的中国禅宗园林。

项目组情况

单位名称：浙江人文园林股份有限公司

项目负责人：蔡佳洁

项目参加人：陈胜洪　吴秋霞　肖兴华　甘礼寒

上海市天安千树立体花园设计

上海北斗星景观设计工程有限公司 / 虞金龙　吴筱怡　余　辉

摘要：项目基于对上海母亲河苏州河、原有街区历史和新建建筑空间融合的理解，以生机的滨水空间、多彩的平台花园、特色的生命树柱等形成独特的立体花园，建立滨河园艺的"千花"与空中"千树"的呼应关系，形成苏州河畔流动与滨河的街区人文美景，打造有场地记忆的休闲与文化空间，并研究与突破立体花园相关容器、植物、安全、美观等关键技术。

关键词：风景园林；立体花园；设计；创新

一、项目概况

千树立体花园项目位于上海市普陀区苏州河畔，场地周边有较好的滨水资源，居民区、莫干山路M50创艺园等环绕周边，同时场地靠近多条地铁线和公交线路，交通便利（图1）。根据规划对基地内的保护建筑予以保留，新建建筑为两座山形的综合性商业、办公高层楼，遵循《上海市城市绿地与立体绿化实施细则条例》，充分考虑规划绿地率的要求，设计结合基地建筑形态、滨水区域功能、场地人文历史沿革等特点，以栏杆垂直绿化、台地屋顶绿化、空中生命树柱绿化来补充绿地率指标并实现城市立体绿化的多样形式，从而形成复合的城市立体花园格局（图2、图3）。

二、设计特色与愿景

设计寻求建立一个将城市地标式建筑与自然融合的立体花园，将滨水空间与建筑一、二层平台空间和生命树柱空间形成一个整体（图4）。向自然汲取灵感，建立以自然"青山"为蓝本、与苏州河相呼应的山水格局，将植物栽植到"青山"建筑物的每一层，用自然景观"包裹"建筑，形成从滨河、平台到建筑最顶端的绿植花园。三个空间丝丝入扣，在渐进融合中改变台地平台和空中建筑的沉闷感，构建出不断向上生长的空间复合立体花园形态。

设计联系苏州河自然和街区的人文，利用滨水生态、诗意花园、新老街区故事、生命千树特色景观等来激活苏州河滨水街区。以空中生命树柱、台

图 1　周边功能分区图（红线范围）
图 2　鸟瞰效果图

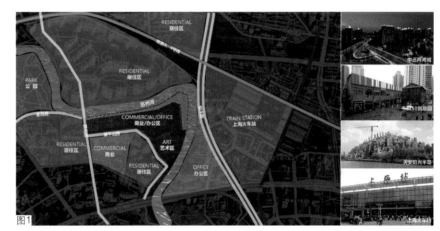

图1

图2

图3

图4

地花园与自然生态和谐的滨河花园作为立体花园的灵魂结构，形成城市中花（阶梯与台地花园）、草（滨河蒹葭苍苍的草）、树（空中生命千树）、人（朝花夕拾）、文学与戏剧的生命意义相结合的城市更新实践案例，以400个阶梯、1000个生命树柱构成的立体花园来探索城市发展的张力。

三、项目设计实践

（一）滨河花园

1.滨河花园设计目标

打造一个活力、怡人、休闲、生态的都市滨水空间。将滨水开放绿地空间和商业街区串联，延续建筑肌理，打开滨水景观视线，打造以文化水线、观光路线、植物绿线、空间天际线为主题的滨水花园景观。同时兼顾滨河公园的休闲功能，形成一个统一而时尚的区域地标（图5）。

2.滨河花园实践

将艺术走廊、码头记忆、水岸风情、音乐广场和千树森林等各式主题空间引入场地，激活空间，增加可达性。例如将6m的防汛通道设计为一个漫步、骑跑与花园结合的艺术廊道，将运动和休憩相结合。选择樱花主题树种，结合灯光设计，使连贯的苏州河慢跑道更加时尚、浪漫（图6～图8）。

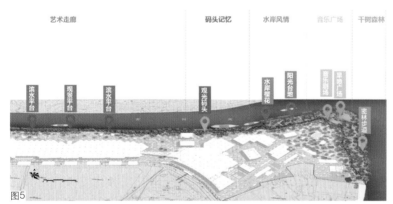

图5

图6

图7

图8

通过营造亲水平台、台地花园，带动水岸的空间活力和浪漫氛围。沿地面形成观景网红花廊，并在地下庭院种植庭院樱，沿坡道和二楼平台种植坡地樱，空中生命树柱中也种上少许樱花，于是一个特别的从空中到水边五重网红樱花园在普陀苏州河畔出现了。在转角处设置互动性、观赏性强的广场空间，空间伴随苏州河的律动和樱花花瓣的纷飞，形成曼妙的音乐会场（图9）。

（二）平台花园

设计于一、二楼平台打造时尚潮、苏河情、品百花的花境花园，不仅形成"千花"与"千树"的呼应关系，还会带来平台商业的溢价。在二楼的栏杆上，种植百米长的紫藤与月季花带，形成美丽的台地花园，与滨河花园和空中生命树柱相呼应，既有意大利文艺复兴台地园的感觉，又有英国生活花境园的优雅（图10）。

（三）空中生命树柱花园

1. 空中生命柱花园设计的目标

设计在建筑空间中建立生命树柱，以分层穿梭的生命千树形成有特色的空中森林立体花园，让原本沉闷的建筑空间变成了一幅变化的四季生命之画，画中有变色的枫叶、浪漫的樱花、开花的络石与悬空而下的紫藤。

2. 关键技术与难点

（1）植物配置方法

在保证植物生长安全、稳定的基础上，选择多样化树种，保证色彩搭配美学。建筑生命树柱的阴面选择耐阴树种，阳面选择喜阳树种，如垂丝海棠、紫薇等开花品种；边角树柱因为风口影响，需选择耐阴、抗风、耐倒伏的植物。

阴面常绿树占比大于阳面。为保证色彩丰富度选择了常绿色叶树，如红叶石楠、红花檵木等。为保证四季皆有绿，阳面常绿树种的占比不低于50%，高空建筑生命树柱关系到景观阴暗面及风口气候问题，在树种选择时，从安全、习性和美学等多方面进行了考虑。生命柱中可下垂的藤本植物布置于外侧和角点处，以软化边角。柱盆内的灌木注意常绿、落叶互相搭配，保证四季皆有绿色（图11、图12）。

（2）施工难点

项目设计施工层面的难点主要在于，一是空中生命树柱的荷载问题，二是如何选择植物以达到低维护管理并保证景观效果。

因此施工上在遵循上海《屋顶绿化技术规范》DB31/T 493—2010的要求与植物选择标准的前提下，植物选择遵循以下几点原则：①植物选择应考虑植物荷载与雨、风、雪等的负荷因素；②空中生命树柱中选择种植小的乔木，严格控制空中树高不超过4m；③遵循植物生理适应性，选择耐修剪、粗放式管理以及生长缓慢的植物；④选择能够高抗风、抗旱与抗高温的植物；⑤避免选择结果实的植物以减少因为果实坠落而引发的危险。

（3）空中生命树柱乔木的安全与固定

为了呈现较好的景观效果，需要种植美观度较高的乔木，就需要保证乔木的生长安全和固定（图13），乔木的安全和固定有以下几个关键点：①种植时土球顶低于树坛水平面25mm，以利于乔木土球在土层中的固定；②乔木主干四边用钢拉索固定，定期检查树木生长状况，及时修剪掉挡风枝与病枯枝；③保持排水良好，防止水分过多引起土壤软化与松动。

图9　音乐会场效果图
图10　平台花境实景图
图11　树柱实景图
图12　生命柱树坛实景图

图 13　空中树柱的植物园艺配置
　　　　和树柱及大树的拉索固定

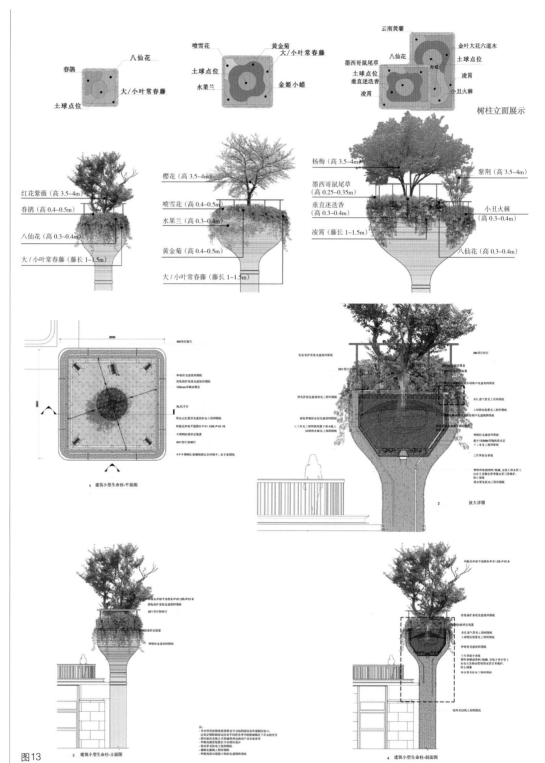

图13

四、结语

通过天安千树立体花园的创新设计与实践，用滨水生态、诗意花园、生命千树特色与新老故事来激活苏州河滨水街区。在这个建筑林立的城市里、滨河边，形成一个会呼吸的从空中千树到台地花园再到河滨兼葭苍苍的自然、生态、和谐的立体花园。不同习性的植物混合种植于滨河花园、平台和空中生命树柱中，形成连续有韵律的、生长的园艺植物布置，呈现一个建筑、景观、人文和自然完美结合的全新地标立体花园。

项目组情况

单位名称：天安千树滨河立体花园

项目负责人：虞金龙　曹瑜刚　徐爱军

项目参加人：余　辉　吴筱怡　张霁龚　姚　杰
　　　　　　许丹婷　陈逸斐　邢春红　邱　璇
　　　　　　李庆开　朱　琳

文旅融合赋能乡村振兴

——盐城市建湖淮剧小镇核心区建设实践

南京市园林规划设计院有限责任公司／燕　坤　崔恩斌

摘要： 淮剧小镇位于盐城市建湖县九龙口省级旅游度假区，地处九水汇聚处，是著名的杂技之乡、淮剧之乡。在文化复兴、生态文明建设和乡村振兴等时代背景下，淮剧小镇依托独特的自然风光，将传统文化与数字科技跨界融合，打造出人在画中游、画在景中走的沉浸式文旅体验，让游客感受世界遗产和非物质文化遗产的魅力。

关键词： 乡村振兴；生态赋能；文旅融合；沉浸式体验

一、建筑与环境"形态"的塑造

淮剧小镇原为沙庄传统村落，因此在开发保护过程中着重保护古村落的乡土建筑肌理、空间布局、巷道尺度、绿化田园、历史建筑等真实的历史信息，保持沙庄古村丰富的历史文化内涵。坚持"修旧如旧，以存其真"的保护修缮理念，保护古村落真实的历史风貌，延续和谐的传统居住生活形态。因此在建筑与环境形态的塑造上，一要彰显生态感，彰显湖荡湿地生态；二要凸显原乡感，凸显湖荡水乡风情；三要留足烟火气，留足湖荡渔村气息；四要做足文旅范，做足淮杂气韵融合。形成"村在荡中、荡在村中"的特色。"村在荡中"，即在修复改造过程中，核心区四周要实现"河环荡绕、湖村融合"的格局；"荡在村中"即在核心区内部，要实现"河道纵横、荡村一体"的形态。空间规划上小镇以"生态古朴沧桑为本，现代国潮时尚为用"为整体调性，充分尊重原有村庄肌理及空间特色，形成"两街、四巷、一环、一湾、多节点"的空间格局（图1～图3）。

图1

图1　淮剧小镇总平面图

图 2　淮剧小镇总体风貌
图 3　淮剧小镇建筑与环境形态

图2

图3

二、传统文化与非遗"文态"的挖掘

　　淮剧小镇（沙庄）是一个依托射阳湖而生存的村落，根据地方志记载，沙庄是"天降九龙，地出凤凰"的宝地。庄西湿地上的 9 条河流，犹如天上降下的 9 条玉龙呈扇状汇合而来，汇集处有一圆形小岛（龙珠岛），形成"九龙戏珠"的绚丽图景。庄东有一汪水清草净的大池塘，相传往古常有凤凰来此栖身，被人们称为"凤凰池"。喜鹊也是一种吉祥鸟，荡边喜鹊成群，结伴而飞。凤凰池附近的塘口，据说喜鹊不敢与凤凰争地盘，即成群结伙至此漱口、戏水，这个塘口被人们称为"喜鹊口"。

　　沙庄湖环荡绕、水路交融，是典型的里下河地区水乡聚落代表，沙庄居民多以潘李姓氏为主，形成潘李宗族和谐聚居的宗亲文化。当地传统节日活动众多，民风淳朴，渔樵耕读，乡技名艺，独具匠心。淮剧和杂技在当地深入人心，淮剧其主要发祥地在建湖县境内，建湖因此被人们称为"淮剧故乡"。本次淮剧小镇核心区建设项目深度挖掘九龙口及沙庄地方文化特色，从生态格局特色、建筑风貌特色、传统文化特色等方面塑造以淮剧为产业的文化地标，打造具有地域文化特色的旅游目的地，形成新型文化品牌。

三、淮剧小镇核心区"业态"的策划

　　大湖风光与古镇肌底并存的淮剧小镇，是打造一定规模、高品质商业空间的首选，这里是苏北水乡居民生活烟火气的保留地，是淮剧与杂技文化体验的集中地，为九龙口旅游度假区商业配套第一空间。因此根据建筑和环境形态的不同，分别策划了国潮水街、淮味老街、喜鹊湾、巷道和南北景观环商业业态。国潮水街是淮剧撞上国潮，淮杂文化与国潮碰撞的试验场，是融合淮剧博览、时尚创意、生活美学、非遗演绎、美食体验于一体的淮剧国潮文化全景体验地（图4）；淮味老街是古早味道、老记忆、旧生活、苏北水乡沙庄烟火体验地；喜鹊湾为热闹夜水岸、留人慢空间的圈粉打卡地，生态水湾与调性空间完美耦合，风景自留人，成为夜间欢乐场的高品质休闲空间；巷道联通老街与水街，是怀旧与国潮、旧与新两个时空穿梭的廊道，形成文艺小资、潮玩休闲、舒压打卡、品味美食的节点；南北景观环是美丽乡村改造、人居环境提升与文旅时代下安居生活的样板，是村民幸福感与获得感的集中体现地。

四、融合文化IP"旅态"的打造

淮剧小镇紧扣淮剧文化主题，以文旅融合的方式，开辟了集淮剧游乐、淮剧文化、淮剧商业、淮剧演绎等内容为一体的一站式淮剧主题发展模式。在风景秀丽的水乡九龙口沙庄，借助著名淮剧《小镇》的文化IP，以全新的视角和高科技多媒体艺术，重塑《小镇》标志性场景（图5），打造一座以"戏在村里、村在戏里"为主题的沙庄古村。通过构建一部淮剧"戏中戏"，娓娓讲述小镇最质朴的世道人心，传播中华传统优秀"诚信"文化这一核心理念，生动展现新时代"灵龙水乡、淮杂故里"的时代风貌。

同时数字科技和传统文化跨界融合是淮剧《小镇》的一大亮点。通过高科技舞台装置，精心打造淮杂故里沉浸式文旅体验，确保观众移步换景、一景一戏。巧妙的空间调度让观众全程保持与剧中演员的近身互动，感受近景魔术、滑稽小丑、变脸吐火等杂技绝活。另外还采用投影视觉融入动作捕捉技术，以影代光、光影融合，复现裸眼3D视效。

在融合大秀中加入水炮、水幕等高科技元素，打造全新的观演互动模式。

淮剧小镇核心区建设是融合策划、规划、设计、建设、运营、演绎、管理等多专业、多部门、多学科的一次实践活动，从形态、文态、业态和旅态4个方面认真策划研究、匠心打造、精心管理，营建了"村在荡中、荡在村中"的空间风貌，构建出"村在戏里、戏在村里"的独特形象，使淮剧小镇成为文旅融合赋能乡村振兴的典范。

图4 国潮水街
图5 淮剧《小镇》

图4

图5

风景园林工程是理景造园所必备的技术措施和技艺手段。春秋时期的"十年树木"、秦汉时期的"一池三山"即属先贤例证。现代的竖向地形、山石理水、场地路桥、生物工程、水电灯信气热等工程均是常见的配套措施。

生态服务多样性和可持续性矿山修复

——以北京市昌平区牛蹄岭废弃矿山生态修复为例

北京景观园林设计有限公司／李燕彬　高　帆　赵　欢

摘要：土地资源紧缺、生物多样性减少、水资源匮乏是当前全球面临的严峻问题。本文结合牛蹄岭废弃矿山生态修复工程探索矿山修复新模式。利用边坡重整与地形重塑、土壤重构与植被重建、生境重组与景观重现、路网优化与设施赋能、因地制宜与资源再利用五大策略，构建稳定的生态系统结构，提升生态服务多样性和可持续性。

关键词：废弃矿山生态修复与再利用；生物多样性；生态服务多样性；生态服务可持续性

引言

《北京市矿山生态修复"十四五"规划（2021年—2025年)》提出矿山"修复方法从消灾复绿向综合利用转变，修复效果从形态恢复向功能完善转变"，探索废弃矿山生态修复新模式已成当务之急。

城市扩张造成土地资源紧缺、生境斑块破碎、生物多样性减少；过度和不当使用淡水导致水资源匮乏、水体污染严重。如何实现生态服务多重功能，确保不可再生资源可持续利用？废弃矿山生态修复与再利用是推动绿色高质量发展和挖掘存量用地资源，提高生物多样性，增强生态系统结构和功能稳定性，提升生态服务多样性和可持续性的重要载体。

一、项目概况及现状

牛蹄岭废弃矿山位于北京市昌平区延寿镇，地处燕山浅山山地，四周重峦叠嶂，安四路从其西侧南北向延伸。场地被周边山体环绕呈一"U"形谷地，治理投影面积 30.33hm²。经年白云岩石开采，牛蹄岭北侧和东南侧形成 3 处高 10~60m、幅宽 235~450m、坡度 45~72°。局部近 90° 高陡裸露岩质边坡；东、南侧山脚边坡高 2-8m、坡度 60°~73°，表面有少量裂缝和碎石。场地内随处堆弃的尾料和渣土最高 17m，时有滑坡。场地东部山体自然形成的 3 处泄洪道已被尾料和渣土阻塞，雨水无法顺利排入安四路旁的市政排洪渠。周边山体基质为岩石，表土薄，灌草覆盖度高，而场地内植被已被完全破坏，土壤、岩石裸露（图 1，图 2）。

场地周边有少量村落及民宿，人员流动少。

二、建设思路及目标

将乱石遍布、环境恶劣的矿山开采地变成绿荫遍布、与周边景观相融合的近自然森林景观区；将寸草不生、了无生息的生境脆弱地变成鸟语花香、生物多样性丰富的动植物栖息地；将安全隐患多发、资源匮乏的工业废弃地变成生态系统稳定、生态服务多样和可持续的民生福祉高地。

三、建设策略

结合立地条件、地形地貌、边坡坡度高度和周边环境，以"谷中森林，生命乐园"为主题，基于

图 1　建设前鸟瞰

图1

图 2　总平面图
图 3　谷底场地平整

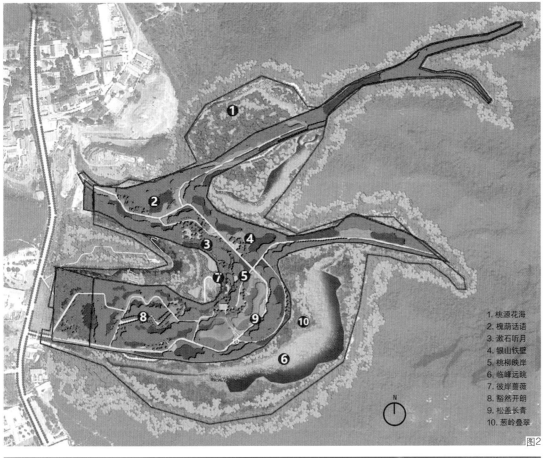

1. 桃源花海
2. 槐荫话语
3. 漱石听月
4. 银山铁壁
5. 桃柳映岸
6. 临峰远眺
7. 彼岸蔷薇
8. 豁然开朗
9. 松盖长青
10. 葱岭叠翠

图2

图3

生态服务多样性和可持续性理念，遵循安全第一、生态优先、绿色发展、功能多样和可持续原则，建设景观与生态共融、人与动植物共享的生命乐园。

（一）边坡重整与地形重塑，确保安全性

岩质边坡坡面节理裂隙发育，存在碎块状危岩体，人工凿岩清理表面危岩体和浮石，对于危岩体破碎崩塌危岩带发育区和清理后易发生崩落的边坡表面挂设柔性主动防护网进行锚固。边坡上部的开采遗留平台边缘和坡脚平台砌筑挡土墙填土。高度低于8m且稳固边坡堆土砌筑多层台地。

保留中心洼地，维持现状整体中心低、四周高的山谷地貌，并通过场地平整扩大谷底平地面积。削坡调整坡度和坡向，整体形成东高西低走势，结合截水沟、排水沟设置，确保周边山体雨洪截留后余水能够最终排入市政排洪渠。利用现场尾料和渣土贴坡，减少外运成本的同时降低边坡、渣坡和土坡高度，同时确保坡度降至25°以下，满足种植条件。局部营造微地形，组织地表径流的同时营造向阳背阴环境，提升微环境多样性，满足不同动物栖息条件（图3）。

（二）土壤重构与植被重建，注重生态性

1. 土壤重构

土壤重构是植被重建的基础，包括三方面：①地貌景观重构，即结合现状及排水要求强化谷地景观。②土壤剖面重构，即结合场地平整和贴坡，将矿山开采遗留的尾料垫到底层，场地内渣土和外购种植土覆盖于表层，并根据种植植物类型确定覆土厚度。③土壤肥力改良，在种植穴内施入腐熟肥、菌根肥以增加土壤肥力。土壤剖面重构是决定土壤重构成败与效益高低的关键。

图 4　种植
图 5　积雨坑
图 6　主动防护网与蓄水池
图 7　岩质边坡上铺设生态棒
图 8　岩质边坡客土喷播
图 9　岩质边坡保留现有植被

2. 树种选择

①选用适地的北京乡土树种和山区常见树种；②适量选用速生树种；③增加常绿树比例；④增加食源、蜜源植物，尤其选择冬季挂果植物，为提高生物多样性提供条件；⑤选用新优彩叶树种丰富植物群落景观；⑥选用耐旱和耐盐碱植物；⑦低洼地选择耐水湿植物；⑧选择耐旱、低维护宿根花卉及结籽地被；⑨选用豆科植物改良土壤。

3. 植物配置

①运用复层、异龄、斑块混交方式营造近自然森林群落。②利用基调树种形成整体景观。利用骨干树种分隔空间，结合特色树种形成不同景观空间特点。③周边密植高大乔木和林下耐阴灌木，中间洼地以草坡地被为主，疏植湿生植物，形成谷中森林效果（图4）。

（三）生境重组与景观重现，增加多样性

结合周边环境和立地条件，确定营建林地生境、湿地生境、崖壁生境和岩石生境4种类型的生境。

鸟类对生境的选择往往侧重于植被结构。树上筑巢的鸟类更偏好高大乔木，有些鸟类喜欢利用常绿树抵御风雪，带籽地被为其他小动物和昆虫的生存提供了条件。可利用植物配置形成复层、乔草、灌丛、草地、林缘等各类型林地生境。以针阔斑块状混交乔木 + 带籽地被的乔草配置为主，适当设置林窗，为鸟类提供飞翔空间。灌草丛可以为小型食虫鸟类提供摄食和隐蔽场所，但周边山体覆盖有大面积自生灌丛，故仅在乔木林林缘和道路底景及景观节点处种植开花结果及彩叶灌木。

在谷底低洼地，结合积雨坑设置湿地生境。积雨坑边缘设置多类型驳岸，种植耐旱、耐湿植物，中央设置生境岛，密植灌草。湿地生境可作为涉禽的"踏脚石"，同时局部的湿润环境及湿生植物可吸引蜻蜓、豆娘等昆虫（图5）。

场地内有大面积裸露岩质边坡，结合生态修复，坡度70°以下边坡运用高次团粒喷播技术和生态棒将植物种子与土壤混合覆于边坡表面，坡脚种植攀缘植物和灌草。坡度70°以上边坡保留不动，利用覆盖灌草和裸露边坡提供崖壁生境（图6～图9）。

将现场废弃石料和碎石砾堆积成堆，周边种植匍匐植物，形成岩石生境。

充分利用场地基础地形地貌，同时运用植物组织空间和视线，近自然森林群落风貌的植物配置营造了幽静的谷中森林景观（图10）。

（四）路网优化与设施赋能，完善服务性

将矿区作业道连接形成贯穿全园的园路，结合休息广场设置汀步。场地内设置道路较少，更大面积留给谷中野生动物，为其提供隐蔽、免于人类干

图4

图5

图6

图7

图8

图9

扰的栖息环境。

结合入口处集散广场和毛石墙设置生态教育场所，墙体上用耐候钢板汇出抽象的森林图案，墙脚绿地中安置同样材料制作的昌平区域常见鸟类形象剪影，同时在墙上橱窗中贴入照片，展示这一地块从矿山到森林的变迁，唤起人们对自然的热爱之情（图 11）。

（五）因地制宜与资源再利用，实现持续性

山地水资源极为珍贵。场地东侧山体已发育 3 条排洪沟，雨季存在山洪隐患，非雨季干旱明显。首先通过整理地形和布置覆盖整个场地的集水排水系统确保行洪安全，5 个蓄水池截留部分雨水满足绿化浇灌，谷底积雨坑截留部分雨水形成湿地生境，坑边种植喜湿耐旱植物净化水质。

利用现场大量尾料作为地形基层、道路和铺装级配垫层，粒径较小的石渣可直接铺设道路面层

（图 12）。所有道路和铺装面层为小粒径碎石渣和有机覆盖物，确保雨水尽最大可能渗入地下。

将现场遗弃的大块花岗岩石料切割成小石块，用于砌筑景观墙、挡土墙、排洪沟、座椅、树池及置石（图 13 ~ 图 16）。

边坡上有少量自然生长的灌草，施工时不予扰动，保证其正常生长。

通过消除地质灾害隐患、营建地形、改良土壤、排放和收集雨水、种植植被等手段，形成充分的无机环境和生物群落，构建稳定的生态系统结构。通过因地制宜营建多种生境，增加生物多样性，促进生态系统结构和功能的稳定性，进一步提升生态服务功能，确保生态服务的多样性。同时充分利用矿山开采废弃物铺设道路、修筑构筑物；收集雨水用于浇灌、营造湿地生境、涵养地下水；尽可能保留现有灌草植被，以此保证自然资源永续利用，确保生态服务可持续性。

图15

图16

图19

图17

图18

图20

四、结语

　　从 21 世纪初废弃矿山生态修复开始，其建设模式一直在探索之中。矿山选址一般远离城市中心区，开采之前多植被茂密、人员稀少，具有良好而稳定的生态系统，是鸟类和野生动物的天堂。因此，废弃矿山生态修复应重点恢复其原有景观风貌和生物多样性。本项目从设计之初到施工期间一直在不断探索调整，竣工不到两年，重游现场，森林群落风貌已渐露端倪，蝶舞蜂飞，林鸟鸣啾，草中爬虫时隐时现，常有野兔、野鸡、刺猬、黄鼠狼等小型哺乳动物现身，甚至出现狼的踪迹。期待其能充分发挥生态功能，成为野生动植物栖息地，真正实现"谷中森林，生命乐园"（图 17 ～图 20）。

单位名称：北京景观园林设计有限公司
项目负责人：余传琴　李燕彬　高帆
项目参加人：李春　赵欢　贾迪帆　孔阳
　　　　　　付强　谢文彬　蒋怡冰　赵佳佳

文脉赋能，老园新春

——四川成都亲水园公园提升改造项目

上海园林（集团）有限公司／牟瑁森

摘要： 本项目是"公园城市"理念下，城市更新区域的老旧公园改造。现状林木茂密，地势低洼，设施老化，利用率很低。如何在保留现状大树的同时，通过地形营造解决自然排水的问题，是项目的难点；同时按照"公园城市"理念，以文旅思维植入消费场景，力求通过公园自身的吸引力实现可持续运营。

关键词： 风景园林；公园；改造；成都

一、基地背景概况

亲水园基地北起中环路，九里堤北路高架从基地北部穿过，西、南两面临锦江，东临政通路，总面积约 7.2hm²。亲水园是成都北城的一处老旧公园，场地内有一处废旧的浅水戏水池（图1），应该是亲水园名称的由来。场地相对于周边地势低洼，几乎每年雨季都会被淹没，设施老化、年久失修，利用率极低，成为被城市"遗忘"的角落（图2）。场地内现有大量乔木，植物品种较为单一，群落结构简单，空间层次感不强。基地东侧中部和南侧分别有社区服务中心和尚膳火锅店两座小型建筑掩映在林木之中，建议保留并提升改造。

二、主题演绎"蜀锦＋"

由于亲水园公园处于二级水源保护地，开挖水系将不被相关部门批准，"亲水"主题将难以延续。通过深入调研，追溯历史，并延续上位锦江九里公园总体规划，将亲水园定位为以蜀锦文化为底蕴的文创艺术公园。在总体布局、景观场景、建筑设计创意中融入蜀锦文脉，并与文创业态植入相结合，注重生态基底和在地文化的创新性和体验性，形成一个在生态、社会和经济三个维度都具有动态适应性的"蜀锦＋"主题型城市公园。在详细设计中分为"蜀锦＋总体布局""蜀锦＋景观场景""蜀锦＋建筑设计""蜀锦＋业态规划"四个部分。

（一）蜀锦＋总体布局

沿着蜀锦文明的发展脉络，梳理出蚕丛起源—丝路文明—蜀诗锦意—创新发扬四大篇章，以景观营造的手法传递弘扬蜀锦文化，让游客在景观游览中体味到文化的魅力。将蜀锦中经纬交织的工艺提炼成景观语言，以锦绣大道为纬线，以丝绸之路为

图1 场地内原有戏水池
图2 从北侧高架桥下视角看亲水园原貌

经线，串联织锦游客中心、锦绣体验中心、锦绣文创馆三大主题建筑，交织出"花重锦官城"的意境。取锦绣之源、锦绣之形、锦绣之艺、锦绣之色、锦绣之纹、锦绣之花、锦绣之境，融入景观场景设计中，形成特色文化体验空间（图3）。

（二）蜀锦＋场景体验

在三大入口节点，提取与蜀锦文化相关的典型元素，打造场景化的主题体验空间。

在东北侧入口，提取蚕丝、蚕茧元素形成蚕丛

之门—蚕丛乐园的主题场景。以"化茧成蝶"主题打造入口之门的记忆点，用金属网编织，结合感应灯光互动来表现蝴蝶的灵动。蚕丛乐园以蚕茧为主要元素，巧妙利用场地北侧3m左右的地形高差，小蚕茧与大蚕茧的乐园装置错落布局于场地（图4），将抽象与具象相结合，游玩与科普教育相结合，小朋友在蚕丛乐园的艺术氛围中玩乐，还能学习到采桑养蚕、织丝成锦的科普知识。

中间入口以蜀锦的编织工艺为主线，形成织锦之门—濯锦剧场—中央大草坪—锦绣体验中心的中轴线。大草坪上的锦绣剧场构筑物，提取蜀锦图案纹理，进行艺术变形后形成轻盈飘逸的艺术造型，同时融合蜀锦中典型的花朵纹样，结合灯光效果，形成大草坪表演舞台效果（图5）。在大草坪北侧高坡处设计一座以桑树叶造型结合蜀锦图案的风动装置，体现出风吹蜀锦飘动的艺术美感（图6）。

东南侧主入口提炼蜀锦图案花纹形成蜀韵繁花入口。选取蜀锦纹样中芙蓉与牡丹，以新型材料透光混凝土与游人产生互动，形成沉浸式的场景体验；锦绣主园路上嵌入蜀锦五色铺装，整条园路仿若一条蜀锦飘带，结合夜间投射在地面的蜀锦图案灯光效果，形成光彩变幻的蜀锦体验（图7）。

（三）蜀锦＋景观建筑

现状两栋小型建筑比较有保留价值。位于政通路西侧的是一座占地面积约800 ㎡的三角形社区中心建筑，将其改造为织彩游客中心。在保留现状柱网和三角形功能布局的基础上，巧妙分割内外空间，提供游客服务、儿童活动和亲子餐厅功能；在

图3 亲水园建成后的航拍照片
图4 东北侧利用场地高差建成的蚕丛乐园
图5 蜀锦剧场构筑物
图6 桑叶造型风动装置
图7 东南侧入口

外立面装饰上，将著名蜀锦艺术家的创作进行像素化处理，形成若干个单元图案，将其定制成印花玻璃、蜀锦瓷砖的装饰材料，展现蜀锦传统与当代创新魅力（图8）。

位于新泉路南侧的尚膳火锅店，建筑占地面积约900m²。建筑南侧是一座临锦江的小型园林，现状林木繁茂、乔木高大、石桥流水、环境优美。在保留现状结构和现状大树的基础上，传承川西园林的空间意境，用典型的川西山墙面融入蜀锦元素结构构件，形成主要的南北立面；内部空间由6个有天窗采光的单元连接而成，形成具有亲人尺度的创意空间，材质上以传统的木构为主，更具有地域特质（图9）。

依据《公园设计规范》GB 51192—2016中的建筑配建指标，可在中央大草坪西侧新建一座占地面积950m²的蜀锦体验中心。建筑设计采用地景手法处理，通过台地手法与周边环境融于一体（图10），屋顶花园既可作为观景平台，还可举行多种社交活动（图11、图12）。底层半架空的模式让人行动线更加自由灵活，将建筑内外的景观游玩体验互融。建筑外形宛如锦江边上的一条"鸳鸯锦"，空间布局借鉴经典的蜀锦花纹图案样式，功能围绕蜀锦文化展示和体验，打造一个综合性的蜀锦主题文化休闲空间。

（四）蜀锦＋文创运营

将公园的3个建筑结合不同空间环境和定位，植入文化消费场景。锦绣体验中心内部设置了汉服体验馆、蜀锦秀场、光影展等业态内容；织彩游客中心融入雅韵儿童中心、亲子餐厅、户外茶座；锦绣文创馆以特色文创体验为核心，设计有蜀锦文创店、川蜀茶艺馆、邛窑陶瓷（展示、体验）、蜀绣体验、织锦体验、手作体验等；蜀韵矩阵以刺激的高空挑战项目与传统蜀锦国潮风格结合，打造独特的户外娱乐体验。同时在户外设置锦绣剧场及大草坪剧场，以刘禹锡的诗句《浪淘沙》为主题，创作

图 8　织彩游客中心
图 9　保留现状大树的基底上改建蜀锦文创馆
图 10　蜀锦体验中心与环境融合
图 11　蜀绣体验中心屋顶花园
图 12　蜀锦体验中心台地花园

图13

图15

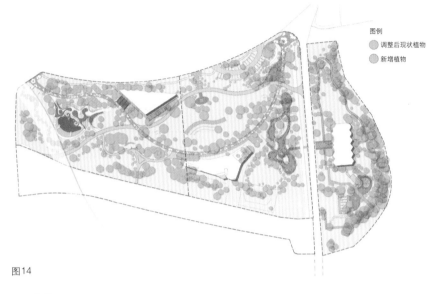

图例
● 调整后现状植物
● 新增植物

图14

本项目植物总体提升设计原则有以下三点：

（1）尽量保留场地内胸径 20cm 以上的大树不动；因建筑改造施工作业面需要，胸径 20cm 以下苗木尽量就近全冠移栽，对部分乔木进行移栽、组合，优化提升景观效果。本次共移栽胸径 20cm 以下的乔木 56 棵。

（2）增加中下层植物层次，适当补植开花树木，增加季相变化，使场地四季有景（图14）。

（3）对长势不良的大树采取复壮处理（图15）。清理老弱病残死枝，更新长势较差的乔木，梳理、优化林下植物空间。

（二）地形与空间营造

场地原状相较于周边城市道路，地势低洼，每年雨季都会被淹没。如何在改造地形的同时，还能保证现状大乔木的繁茂生长，这是非常考验现场再造能力的。本项目总体地形营造原则是不做大地形营造，采用围绕现状保留大乔木营造微地形的方法，形成一系列连绵起伏的微地形，并与排水标高无缝衔接。在场地南侧、新泉路以北，设计一座模拟自然河谷的雨水花园，旱季是卵石河滩景观，雨季蓄水、净化、排涝，景观植被层次丰富，植物物种丰富，生境多样。

微地形营造要结合园路线形和植物空间搭配，才能形成优美动感的曲线和步移景异的空间转换。因此，公园改造项目最考验设计工匠和施工工匠的现场再造功底和现场配合默契度，不仅要有公园整体的空间开合起伏逻辑，还要精通植物生长习性。本项目专门抽调集设计、施工、项目管理于一身的工匠化设计师前往指导，最终效果获得了各方好评。

项目组情况

单位名称：上海园林（集团）有限公司
　　　　　上海市园林工程有限公司

项目负责人：牟瑨森

项目参加人：吴瑞稳　罗贵长　唐　磊　顾庆东
　　　　　　伍婷婷　吴胤珞　周锦杰　杜世杰
　　　　　　廖　辉　吴晓琼　等

独具地域特色的文化演艺产品——"锦绣缘"实景演艺，活化室内外空间利用（图13）。

三、公园改造的要点与难点

（一）植物保留与利用

对于老公园改造项目来说，首先面对的棘手问题就是现状苗木的保留与合理利用问题。应遵循的大原则是尽量保留、尽量少移栽。

首先需对现状苗木进行精准测绘、梳理、统计，这项工作是非常繁琐的，但又是后续工作的基础，很多项目前期怕麻烦，后期会导致大量返工工作，且效果不可控。本项目经测绘统计，现场有胸径 15cm 以上大乔木总计 986 棵，其中有很多是城市中心应淘汰的杨树。总体大乔木林荫效果好，但中下层植物层次少，群落结构单调，季相变化少。

图13 亲水园建成后的航拍照片，室内外运营一体
图14 保留与新增苗木示意图
图15 蒲葵树的保留、利用与复壮